미래에서 온
외계인 보고서

미래에서 온 외계인 보고서

발행일
2020년 7월 20일   초판 1쇄
2021년 8월 10일   초판 2쇄

지은이 | 박상준
펴낸이 | 정무영
펴낸곳 | (주)을유문화사

창립일 | 1945년 12월 1일
주소 | 서울시 마포구 서교동 469-48
전화 | 02-733-8153
팩스 | 02-732-9154
홈페이지 | www.eulyoo.co.kr
ISBN 978-89-324-7433-5   03400

미래에서 온 외계인 보고서

◇◇◇
SF 인조인간까지
우주선부터
◇◇◇

박상준 지음

❀ 을유문화사

들어가는 글
– '과학적' 상상력 그 너머

몹시 궁금한 게 하나 있다. 21세기에 태어나 자란 사람들은 세상과 사회를 어떤 정서와 사고방식으로 바라볼까? 머리로 이해하는 것이 아니라 가슴으로 공감하고 싶지만 사실상 불가능할 것 같다. 나처럼 20세기에 태어나고 교육받은 세대에게 21세기란 곧 미래라고 각인이 되어 있기 때문이다. 나에게 21세기 세대들은 모두 미래인이나 다름없는 셈이다.

어릴 때부터 우주가 궁금하고 미래가 궁금했다. 과학자를 꿈꾸기도 했으나 그보다는 과학적 상상력과 스토리텔링이 결합된 SF에 더 끌렸다. 그렇게 SF 작가도 아니고 과학 저술가도 아닌 어정쩡한 정체성을 가지게 되었지만 별 아쉬움은 없다. 호기심과 상상력, 이 두 가지 욕구를 채우고자 지난 세월 동안 어쭙잖게나마 일관된 길을 걸어왔다고 자부한다.

그 길에서 쌓이고 다져진 생각들을 상당 부분 이 책에 담았다. 지식이나 정보보다는 태도와 제안에 방점이 찍혀 있음을 독자 제현께서 알아주시면 고맙겠다.

이 책은 지난 몇 년간 여러 매체에 썼던 글들을 모은 것이다. 처음 쓸 때부터 시의성은 최대한 배제하고 과학적 사고방식과 상상력에 대한 보편적인 접근이 되기를 의도했다.

우리의 미래가 지금보다 더 나아지려면 사회 구성원들의 과학 문해도Science Literacy 수준이 더 올라가야 한다고 믿는다. 과학 문해도가 높다는 것은 단순히 과학 지식을 더 많이 아는 게 아니라 확증 편향을 멀리하고 평균 회귀라는 자연의 원리를 이해하는 과학적 사고방식으로 세상을 바라본다는 것을 뜻한다. 독자분들이 이 책을 읽고서 그런 가치관을 더 다지게 된다면 정말 기쁘겠다.

그리고 그에 더해서 상상력의 지평을 넓히는 계기가 되기를 진심으로 바란다. 20세기가 과학적 상상력의 시대였다면 21세기는 윤리적 상상력의 시대다. 새로운 과학 기술에 의해 이제까지 인류가 맞닥뜨려 본 적 없는 생소한 선택들을 계속해야만 하는 상황에 꼭 필요한 것이 윤리적 상상력이다. 이는 시공간적 시야를 넓히지 않고서는 도저히 현명하게 대처할 수 없다.

처음 글을 실을 수 있도록 매체에 자리를 만들어 주신 분들, 그리고 단행본으로 출판되도록 애써 주신 분들께 신세를 지면서도 천성이 게을러 누를 많이 끼쳤다. 몇 마디 말로 갈음할 도리가 아니지만 깊이 감사와 반성의 뜻을 전한다.

본문 중에 서로 다른 곳에서 같은 내용을 중복 언급하는 부분이 더러 있다. 그 의미와 중요성을 강조하는 뜻에서 애써 잘라내지 않고 그대로 두었다. 또한 문맥이 매끄럽게 이어지지 못하는 곳들도 몇 군데 있을 것이다. 오로지 필자의 모자람으로 인한 불찰이다. 아무쪼록 혜량하시면서 글에 담긴 의미와 주제에 관심을 기울여 주시길 송구한 마음으로 청한다.

21세기에 태어나 자란 '미래인'들에게 기성세대의 일원으로서 성찰의 마음을 담아 이 책을 바친다.

2020년 여름, '코로나19'의 세상에서
박상준

I

우주를 여행하는

엉뚱하고 흥미로운

미래 보고서

1. 영화 <마션>이 애기하지 않은
불편한 진실

화성에서 재배한 감자를 지구로 가져와서 판다면 히트 상품이 될 것이 틀림없다. 물류비용 때문에 엄청난 고가로 거래되겠지만, 이탈리아산(産) 흰 송로버섯 1.5킬로그램이 경매에서 33만 달러(한화로 약 4억 원)에 낙찰된 적도 있으니 '화성산'이라는 프리미엄만 붙는다면 판매는 걱정하지 않아도 될지 모른다. 물건만 있다면 수요는 따르기 마련이다. 세상은 넓고 부자는 많다.

영화 <마션The Martian>을 보면 화성에서 감자를 키우는 것은 별 문제가 없어 보인다. 약한 화성의 중력만 제외하면 나머지 환경 조건들은 지구와 같게 만들어 줄 수 있다. 사실 중력도

2005년에 개봉된 영화 <마션> 포스터.
<마션>에서는 주인공이 화성에서 살아남기 위해 감자를 재배하는 모습이
현실적으로 그려진다.

지구와 비슷하게 맞출 수 있으나, 저중력 상태에서는 식물이 더 빨리 자랄 테니 재배업자들이 얼씨구나 할 일이지 돈 들여 인공 중력 장치를 만들 리 만무하다. 화성은 속성 재배가 기본 옵션인 약속의 땅이다.

미국의 도널드 트럼프Dorald Trump 대통령은 '임기 중에 화성에 사람을 보내겠다'고 공언한 바 있고, 스페이스 X와 테슬라 자동차의 일론 머스크Elon Musk 회장도 2020년대 초에 화성행 유인 우주선을 발사하겠다는 포부를 밝혔다. 단, 트럼프는 '재선에 성공한다면'이라는 조건을 붙였는데 이게 더 어려울 것 같기도 하다.

어쨌든 계획대로 화성에 유인 우주선이 무사히 도착하면 그들은 당연히 농사를 지을 것이다. 화성에서 생존하기 위해서는 필수적인 일이니까. 화성 감자를 맛보는 것은 시간만 지나면 가능할 것처럼 보인다. 그런데 과연 그럴까?

가장 중요하면서도 어찌된 일인지 아무도 심각하게 지적하지 않는 부분이 있다. <마션>에서도 이 부분은 자막으로 슬쩍 넘어간다. 그건 바로 화성까지 가는데 걸리는 시간이다. 현재의 과학 기술로 지구에서 화성까지 가려면 아무리 빨라도 6개월은 걸린다. 일론 머스크는 앞으로 2~3년 안에 우주선 엔진을 개량해서 80일 만에 화성까지 날아가겠다고 하지만 그런 기술 개발이 가능할지는 회의적이다. 이 기간 동안 우주인들은 우주선 안에서만 갇혀 지내야 한다. 도중에 내릴 수도 없고, 동료와 싸웠다고 해도 안 보고 살 수 없다. 사실상 탈옥이 불가능한 교도소 생활이다. 그래서 우주인 선발 시에 가장 중요하게 보는 것은 인성이다. 성격이 원만하고 협동심은 높은지, 장기간 폐쇄 공간에서 지내도 정신 건강이 흔들리지 않는지 등이 중요하다. 우리나라에선 우주인을 선발할 때 개인의 신체 능력을 중시한다는 선입견이 있지만 그건 당연히 요구되는 기본 조건이고, 정말 중요한 것은 팀워크를 잘할 수 있는 인화력이다. 화성 탐사 우주인의 선발 과정을 그린 야마다 요시히로山田芳裕의 만화 「용기의 별度胸星」은 이런 점을 잘 묘사하고 있다.

그렇다면 이와 비슷한 장기 우주 생활 사례는 없을까? 러시아의 우주인 겐나디 파달카Gennady Padalka는 우주에서 총 879일을 체류해서 인류 역사상 우주에서 가장 오래 생활한 기록을 지니고 있다. 무려 2년 반 가까운 시간이지만 사실은 다섯 번의 우주정거장 임무 기간을 합친 것이다. 한 번에 가장 오래 우주에 머물렀던 기록은 역시 러시아인인 발레리 폴랴코프Valery Polyakov가 세웠다. 그는 1994년 1월 9일부터 1995년 3월 22일까지 437일 동안을 계속 우주정거장 미르에서 지냈다. 하지만 이 경우도 중간에 지구에서 계속 보급을 받았고, 또 비상사태가 발생하면 언제든지 소유즈 우주선을 타고 지구로 귀환할 수 있는 조건이었다. 결국 화성행 우주 비행과 같은 상황을 겪어 본 사람은 아직 아무도 없다.

<마션>에서는 우주선의 크기가 충분히 커서 장기간의 우주 비행도 별 문제가 없는 것처럼 보인다. 개인 공간이 넉넉하다면 확실히 교도소 같은 느낌은 덜 할 것이다. 그러나 이런 대

형 우주선은 지구에서 곧장 발사하는 게 매우 비경제적이기 때문에 우주 공간에서 건조를 해야 하고, 화성에 도착한 다음에는 또 착륙선으로 갈아타고 내려가야 한다. 이 모든 시스템을 구축하려면 돈과 시간이 많이 들어서 2020년대에 이루기는 어려울 것이다.

화성 개발과 관련해 유명한 인물 가운데 하나가 퍼시벌 로웰Percival Lowell이다. 그는 19세기 말에 몇 달간 조선에 머무르면서 『고요한 아침의 나라Land of the Morning Calm』라는, 한국을 알리는 유명한 제목의 책을 내기도 했던 사람이다. 로웰은 일견 SF의 한 구절처럼 보이는 내용을 진실이라 믿기도 했다.

"화성은 점점 메말라 가고 있다. 그래서 화성인들은 농작물을 지키고자 필사적으로 운하를 파서 극지의 물을 저위도 지역으로 운반하고 있다."

이 같은 그의 견해는 20세기 전반부까지 '화성의 운하'설을 널리 퍼트리는 데 큰 기여를 했다. 물론 1960년대에 미국이 보낸 탐사선 매리너가 화성 표면 사진을 전송해 오면서 그 환상은 사라졌다. 사실 로웰이 활동하던 당시에도 주류 천문학자들은 화성의 운하설을 회의적으로 보고 있었다.

그런데 미래에는 화성에 실제로 운하가 생길 가능성도 있다. 지구인들이 화성에 식민지를 개척해서 점점 확장하게 되면 수로의 건설은 필수적인 일이 될 것이다. 그러나 지금 상태의 화성에서는 운하나 수로 건설이 의미가 없다. 물이 액체 상태가 아니라서 흐를 수가 없기 때문이다. 화성에서 물이 흐르려면 기

화성을 개발하는 데에는 여러 가지 어려움이 따른다.
그중 하나는 지구에서 화성까지 가는 데 너무 오랜 시간이 걸린다는 점이다.
그럼에도 화성은 인간의 개척이 유력한 행성 가운데 하나다.

온이 지금보다 훨씬 더 따뜻해야 한다.

기온도 더 높고, 액체 상태의 물이 흘러 식물도 서식하고, 그 식물들 덕분에 인간과 다른 동물도 살 수 있는 상황이 된다면 화성은 사실상 제2의 지구나 다름없을 것이다. 그런데 과연 화성을 그렇게 바꿀 수 있을까?

지구가 아닌 다른 천체를 지구와 같은 환경 조건으로 바꾸는 우주공학 기술을 '테라포밍Terraforming'이라고 한다. 테라포밍은 아직 이론적으로만 존재하며, 최소한 수백 년은 걸리는 장대한 프로젝트이다. 게다가 테라포밍이라고 아무 천체나 다 되는 것이 아니다. 일단 크기나 질량이 지구와 비슷해서 인간이 감당할 수 있는 정도의 중력을 지닌 곳이어야 한다. 그리고 항성인 태양에서 너무 가깝거나 멀면 그만큼 비용이 많이 들어서 비효율적이다. 적절한 수준으로 에너지를 쓸 수 있어야 하기 때문이다.

이런저런 조건을 따져 보면 현재 테라포밍의 대상으로 가장 유력한 곳은 화성이다. 먼저 지금보다 화성 표면을 어둡게 해서 태양광의 흡수율을 높여 대기의 온도를 올리는 방법이 있다. 영화 <레드 플래닛Red Planet>에서는 산소를 생성하는 유전자 조작 이끼를 20년간 화성에 뿌리는 것으로 테라포밍을 시작한다. 영화의 설정을 보면 짙은 색깔의 이끼가 번식하여 화성 표면을 점점 덮어 가면서 햇볕을 머금어 기온이 오르고, 동시에 이들이 내뿜는 산소가 계속 쌓여서 인간이 호흡할 수 있을 정도까지 대기 조성이 변하고 기압도 올라가는 것으로 되어 있다.

학자들 중에는 이끼 대신 자기 복제가 가능한 나노 머신을 제안하는 사람도 있는데, 아무튼 이런 프로세스를 거쳐 대기 조성이 바뀌면 온실효과가 나타나 기온 상승은 더 가속될 것이라는 예측도 있다.

이 단계를 지나면 지하나 극지에 존재하는 얼음을 녹여서 물을 확보한다. 이걸로 농사도 가능해지면, 안정적인 주거 조건이 마련된다. 이 부분은 1990년 영화 <토탈 리콜Total Recall>의 주된 설정이기도 하다. 주인공이 먼 옛날 외계인이 남겨 둔 거대한 장치를 가동시키자 지하의 얼음이 과학적 설득력은 떨어지지만 '순식간'에 녹아 화성 대기를 인간이 호흡 가능한 것으로 바꾸고 기압도 높이는 장면이 나온다.

그러나 테라포밍이란 아이디어는 사실 극단적인 인간중심주의적 발상이기도 하다. 지구가 아닌 다른 천체를 통째로 지구처럼 바꾸는 것이 과연 윤리적으로 옳은 일일까? 만약에 화성에서 아주 원시적인 미생물이 발견된다면 어떨까? 입장을 바꾸어서, 수십억 년 전 지구에 원시 생명체가 등장했을 때 어떤 외계인들이 와서 자기들 멋대로 지구를 바꾸어 버렸다면 어땠을까? 생명의 진화 과정 끝에 우리 인간이 탄생하는 일은 애초부터 없었을 수도 있다.

아서 클라크Arthur Clarke는 『2010년 오디세이 II』에서 목성의 달인 유로파를 생명체가 존재하는 곳으로 묘사했다. 두꺼운 얼음층이 표면 전체를 덮고 있는 유로파는 얼음 아래에 물이 있는 것으로 추정되고 있으며, 지각 활동이 활발해서 얼음층 아래는 생각보다 온도가 높을 것이라는 이론도 있다. 실제로 유로파는 지하에 깊이 100킬로미터에 달하는 바다가 있는 것이 확실시되어 생명체의 존재 가능성이 높다고 알려져 있다. 지구보다도 많은 물을 머금고 있어서 당연히 인류의 우주 식민지 후보 가운데 하나이며, 테라포밍의 대상이 될 수도 있다. 그러나 클라크는 『2010년 오디세이 II』에서 인류보다 아득하게 초월적인 외계 존재가 인간들에게 강력하게 경고하는 내용을 넣었다. 유로파의 생명체가 진화하여 지적인 존재로 성숙해 갈 동안 건드리지 말라고 한 것이다. 사실 유로파는 얼음층 덕분에 외부 환경과는 완벽하게 격리된 폐쇄 생태계일 수도 있는데, 지구에서 간 탐사선이 조사를 하는 과정에서 지구의 물질로 오염시킬 위험성도 있다.

인류가 우주로 진출하면 할수록 윤리적인 문제도 계속 대두될 것이다. 물론 지구에서 더 이상 살 수 없게 된다면 우주 식민지 개척은 필수다. 그런데 테라포밍처럼 다른 외계 생명체를 위협할 우려가 있는 방법 말고도 우주 식민지를 건설할 수 있는 다양한 방법이 있다. 과학 기술이 발전할수록 상상을 초월하는 우주공학적 구조물들이 가능해진다. 다음에는 이에 대해 자세히 알아보자.

2. 미래 우주 식민지의
극한 직업

미래 우주 식민지에서 최고의 극한 직업으로 손꼽힐 만한 것은 무엇일까? 우주 쓰레기 수거나 미개척 소행성 탐사? 이와오카 히사에岩岡ヒサェ의 만화 『토성맨션土星マンション』에 따르면 아마도 '창문닦이'가 최고의 극한 직업으로 유력할 것이다. 만화 『토성맨션』은 제목 그대로 토성에 있는 맨션을 말하는 게 아니라 토성의 테처럼 지구를 둘러싼 훌라후프 모양의 우주 식민지를 일컫는다. 주인공은 이 우주 식민지의 외벽을 타면서 창문 닦는 일을 한다.

그런 일이라면 로봇을 쓰지 왜 사람이 직접 하겠느냐는 반문이 나올 것이다. 그러나 이 우주 식민지의 사정은 좀 복잡하

영화 <엘리시움>의 한 장면.
미래에 지구 상공에 떠 있을 우주 식민지의 모습은 대체로 이와 비슷할 것이다.

다. 지구가 사람이 살 수 없을 정도로 환경이 파괴되자 지구인
들은 모두 떠나서 하늘에 떠 있는 우주 식민지에 모여 살면서
환경 보호 구역으로 지정된 지구를 내려다보며 다시 돌아갈 날
만 기다린다. 이 우주 식민지는 상층, 중층, 하층으로 나뉘어 있
는데 글자 그대로 상류층과 중류층, 그리고 하류층들이 따로 모
여 산다. 창문닦이는 바로 하류층들이 도맡아 하는 주요 생계
수단이다. 적잖은 인구가 생활을 영위하기 위한 경제 활동 시스
템의 하부를 구성하고 있는 것이다.

<블레이드 러너Blade Runner>나 <엘리시움Elysium> 등 여러 SF 영화에서는 미래의 지구가 갈수록 황폐해져서 거대한 슬럼이 되어 버리고 상류층들은 안락한 삶의 터전을 찾아 우주 식민지로 나갈 것이라 전망한다. 그들이 향하는 곳은 달이나 화성처럼 다른 천체일 수도 있고, 지구 상공에 떠 있는 거대한 우주 식민지일 수도 있다. 다른 천체의 경우 행성 하나를 통째로 지구와 같은 환경으로 바꾸는 테라포밍 기술이 동원될 수도 있지만, 최소 수백 년의 시간이 걸리기 때문에 실제로는 지구 상공에 우주 식민지가 먼저 건설될 가능성이 높다.

　　처음에 소개한 우주 식민지 '토성맨션'은 지구 표면에서 35킬로미터 상공에 떠 있는 것으로 설정되어 있는데 사실 이 정도 높이면 '우주'라고 부르기엔 많이 못 미친다. 통상 우주라고 하면 최소한 80~100킬로미터 이상의 고도를 의미한다. 그리고 그 높이에서도 중력으로 추락하지 않으려면 매우 빠른 속도로 지구 둘레를 공전해야 한다. 참고로 국제우주정거장ISS은 지구 상공 400킬로미터에서 시속 2만 8천 킬로미터 가까운 속도로 매일 지구를 15바퀴 이상 돌고 있다. 따라서 35킬로미터 상공에서 지구를 둘러싼 훌라후프형 우주 식민지는 절묘한 역학적 균형을 유지하지 않는 이상 공전 속도가 어마어마하게 빠를 것이다. 이런 환경에서 외벽을 타고 다니며 창문을 닦는다니 얼마나 위험할까.

　　사실 토성맨션은 SF에 등장하는 우주 식민지들 중에서는 예외적인 경우이다. 대부분 지구보다 훨씬 더 떨어져 있고, 형태나 규모도 다르다. 영화 <인터스텔라Interstellar>에 나오는 우주 식민지 '쿠퍼스테이션'은 심지어 토성 가까이에 있는 것으로 나온다. 이렇게까지 멀리 있어야 할 이유가 딱히 떠오르지는 않는데, 아마 작품 안에 등장하는 웜홀wormhole 입구가 토성 근처로 설정된 때문일 것이다.

지구 전체가 거대한 슬럼으로 퇴락하지는 않더라도 장래에 인류는 어쨌든 우주로 진출할 가능성이 높다. 지구인 1인당 누리게 되는 과학 기술 서비스의 양과 질은 점점 증가할 것이고, 그에 따른 에너지 소비량도 늘어날 것이다. 우주 진출은 지구 환경의 보전과 좀 더 싼 에너지원의 개발이라는 두 마리 토끼를 모두 잡을 수 있는 유력한 대안으로 떠오를 것이다. 예를 들어 핵융합 발전의 연료로 달에 풍부하게 있는 헬륨3를 채굴한다는 설정은 이미 영화 <더 문Moon>을 비롯한 여러 SF에 등장한 바 있다. 현재의 과학 기술로는 우주 진출이 매우 비싼 분야지만, 일론 머스크의 우주 발사체 제작 회사 스페이스 X가 재사용이 가능한 로켓 개발에 성공한 사실 등에서 예상할 수 있듯이 장래에 우주 진출 비용은 점점 내려갈 것이다.

그렇다면 우주 식민지가 실제로 건설될 경우 어떤 모양이 될까? 이제까지 나온 청사진들은 여러 형태가 있는데, 크게 보아 도넛형 아니면 원통형이다. 모두 스스로 자전하면서 인공중력을 발생시키는 방식이고, 내부에 산과 들, 강 등 자연 환경을 그대로 재현한다는 것도 같다. 아서 클라크의 장편소설『라마와의 랑데부Rendezvous with Rama』는 이런 우주 식민지의 모습을 과학적으로 가장 잘 묘사한 하드 SF의 걸작으로 꼽힌다. 길이 54킬로미터, 지름 20킬로미터의 드럼통 모양 인공 구조물이 태양계 밖에서 지구를 향해 날아온다는 이야기인데, 그 안에 들어간 탐사대원들은 인공 태양과 바다, 도시와 들판, 그리고 상공에 구름까지 발생하는 하나의 작은 세계를 목격하게 된다. 비록 허구의 외계 존재가 만든 우주 식민지이지만, 장래 인류가 실제 벤치마킹 대상으로 삼기에 손색이 없다.

그렇다면 우주 식민지의 끝판 왕이라고 할 만한 것은 무엇일까? 까마득한 미래에 우주공학이 정점에 도달할 경우 상상할 수 있는 놀라운 구조물로 '링월드Ringworld'라는 것이 있다. 링월드는 지구 상공에 띄우는 정도의 작은 규모가 아니라 태양 둘레를 빙 둘러싼 반지 모양의 초거대 구조물이다. SF 작가 래리 니븐Larry Niven이 1970년에 발표한 소설 제목으로도 유명하다. 소설 속에서 항성의 둘레를 돌고 있는 링월드는 폭만 60만 킬로미터에 이르는 어마어마한 인공 테다. 이 테의 두께는 겨우 50피트(약 15.2미터)밖에 안 되지만 특수 소재로 만들어졌기 때문에 중성미자나 운석 같은 외부로부터의 충격에도 끄떡없이 견딘다. 또한 이 테는 가장자리가 안쪽으로 구부러져 있어서 회전 원심력에 의해 대기가 우주 공간으로 흩어지지 않고 머물러 있으며, 테의 안쪽에 바다나 산맥 같은 것을 조성해 놓아서 완전한 거주 공간이 꾸며져 있다. 지구와 같은 공 모양의 자연적인 행성이 아니라 거대한 반지 모양의 인공 세계인 것이다. 그런데 이 안쪽 면은 항상 태양을 향하기 때문에 햇빛을 가리는 차폐막

래리 니븐이 1970년에 발표한 소설 『링월드』의 표지.
소설에 등장하는 링월드는 반지름만 1억 5천만 킬로미터에 돌고 있는 폭이 60만
킬로미터에 달하는 어마어마한 인공 테다. 테의 안쪽에는 바다나 산맥이 조성되어
있을 정도의 드넓은 거주 공간으로 묘사된다.

을 띄워 주어야 밤낮이 오게 할 수 있다. 나중에 비판적인 독자들에 의해 반론도 제기되었지만, 이러한 구조물은 실제로 과학적인 타당성이 있는 것이다.

소설 『링월드』는 우주 한구석에서 수수께끼의 외계 문명이 까마득한 과거에 남긴 유물이 발견된다는 설정으로 시작된다. 이러한 설정은 우주 배경의 SF에 종종 등장한다. 등장하는 유물은 거대한 구조물이기도 하고 어떤 장치일 수도 있다. 대개는 장거리 우주여행을 할 수 있는 웜홀의 입구 아니면 우주선 그 자체이기도 하다. 주인공은 작동 원리는 모르지만 어쨌든 그걸 타고 우주를 누비고 다니며, 때로는 다른 외계 종족들과 그 유물을 놓고 치열한 쟁탈전을 벌이기도 한다.

칼 세이건Carl Sagan의 원작으로도 유명한 영화 <콘택트 Contact>나 가장 유명한 SF 게임 중 하나인 '헤일로Halo' 등에 위와 같은 고대 외계인의 유물 설정이 나온다. 특히 헤일로는 래리 니븐이 1970년에 발표한 소설 『링월드』와 비슷한 초거대 구조물이 나와서 설정에 영향을 받지 않았을까 하고 사람들이 추측하고 있다. 『링월드』는 세계 최고 권위의 SF 문학상인 휴고상을 받았으며 우리나라에도 본편 및 후속작들이 번역, 출간되었다.

과연 링월드를 건설하는 것이 가능할까? 이론적으로는 가능하겠지만 실제로는 어마어마한 재료가 필요하다. 링월드의 두께나 너비를 아무리 작게 한다고 해도 반지름 1억 5천만 킬로미터짜리 반지 형태를 이루려면 지구 같은 행성 하나의 자원으로 감당이 될지 의심스럽다. 화성과 목성 사이 소행성대에 있는 숱한 소행성들을 다 끌어 모아도 충분하지 않을 것이다.

그리고 설령 재료가 있다 해도 링월드를 건설하기 위한 우주공학적 지식과 기술은 또 다른 문제이다. 아마 인류가 지금과 같은 추세대로 과학 기술을 발전시켜도 최소 몇 백 년은 지나야 시도가 가능할 것이다.

그런데 SF 작가들은 링월드보다 더 엄청난 규모의 우주공학 구조물을 상상했다. 바로 '다이슨 구Dyson sphere'라는 것이다. 태양과 같은 항성을 통째로 감싸는 거대한 공이라고 이해하면 쉽다. 원래 이 구조물은 SF 작가 올라프 스테이플던Olaf Stapledon이 1937년에 발표한 소설『스타메이커Star Maker』에서 처음 선보인 것인지만, 저명한 물리학자 프리먼 다이슨Freeman Dyson이 1960년대에 한 논문에서 언급하며 널리 알려지고 그의 이름도 붙게 되었다. 정작 다이슨 본인은 2020년에 작고하기 전까지도 계속해서 자신의 이름이 붙지 않았으면 좋겠다는 의사를 표명하곤 했다.

다이슨 구는 링월드를 수십, 수백 개로 확장시켜 항성 전체를 감싼 것으로 이해할 수 있는데, 이렇게 하는 이유는 항성의 에너지를 100퍼센트 온전히 이용하기 위해서다. 즉, 다이슨 구에 둘러싸인 항성은 바깥 우주로부터 완벽히 차단된 채 내뿜는 에너지를 그대로 다이슨 구에만 쏟게 된다. 만약 우주 어딘가에 초월적인 문명을 이룩한 외계 종족이 있어서 실제로 다이슨 구를 건설했다면, 항성의 복사열을 받아 다이슨 구도 적외선을 방

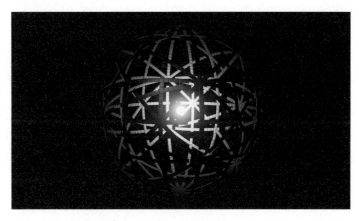

대형 궤도 패널을 활용한 다이슨 구체의 3D 렌더링.
다이슨 구는 링월드를 수십, 수백 개로 확장시켜 항성 전체를 감싼 것이다.

다이슨 구와 관련된 논문을
발표한 저명한 물리학자
프리먼 다이슨(2005년).
하지만 정작 본인은 이
연구와 관련해 자신의 이름이
붙는 것을 싫어했다.

출할 것이라고 주장하는 천문학자들도 있다. 즉, 이런 방법으로 외계 문명을 찾아낼 수도 있지 않겠느냐는 것이다.

다이슨 구는 링월드와는 차원이 다른, 그야말로 우주공학적 상상력을 극한까지 밀어붙인 개념이라고 할 만하다. 아마 인류 문명이 다이슨 구를 건설한다면 최소 몇 천 년은 지나야 시도가 가능할 것이다. 물론 그때까지 숱한 자멸의 위기를 극복하고 살아남는다는 전제가 필요하다.

다이슨 구까지 나갔던 시야를 다시 거두어들여 지구로 돌아오자. 앞서 소개했던 테라포밍이나 지금 소개하고 있는 링월드는 모두 먼 미래의 대규모 우주 식민지 개척을 위한 상상들이다. 이런 시도가 있기 전에 지구 상공에 작은 규모의 우주 식민지를 띄우는 일이 먼저 이루어질 것이다. 그런데 지구 밖으로 나가면 인체에 유해한 우주 방사선이나 운석 충돌 등의 위험이 크기 때문에 그 예방 대책까지 포함하면 건설이나 유지 비용은 어마어마해질 것이다.

냉정하게 따져 보면 우주 개발은 리스크가 큰 비즈니스인 것이다. 안정적인 수익 모델을 세우기 위해 얼마나 많은 시간과 자본을 투자해야 할지 타당성 조사를 해 본다면 긍정적 전망이 우세하지만은 않을 것이다. 우주 광물의 채굴이나 우주 식민지의 건설 등이 자원 확보 및 관광 레저와 의료 복지 산업 분야에서 충분히 우위를 얻을 수 있을지 지금은 불확실하다. 오히려 그러한 수요들에 더해서 추가적인 산업의 가능성까지 풍부하게 품고 있는 또 하나의 우주가 바로 바다다.

이제까지 달에 갔다 온 사람은 모두 12명인 반면 세계에서 가장 깊은 바다 속까지 내려갔다 온 사람은 2018년 기준으로 단지 3명에 지나지 않는다. 놀라운 것은 그 세 사람 중의 하나가 바로 <아바타Avatar>, <타이타닉Titanic> 등을 연출한 제임스 캐머런James Cameron 감독이라는 사실이다. 더구나 그는 단독으로 심해 탐험에 성공했다. 아무튼 바다는 우주에 비하면 대다수 사람들의 시선에서 좀 비껴 있는 셈인데, 경제적 타당성을 따지자면 우주보다 유리한 점들이 꽤 있다.

우선 바다는 이미 검증된 풍부한 광물 자원들의 보고다. 게다가 지구 전체 총 생물량에서 가장 큰 비중을 차지하는 해양 생물들, 특히 동·식물성 플랑크톤만으로도 인류는 굶어 죽을 걱정이 없다. 또 얕은 바다인 대륙붕은 새로운 휴양 거주 공간으로 개발될 여지도 있다. 적어도 우주 식민지보다는 기술적으로나 경제적으로 수월한 선택지다.

우주가 해양에 비해 유리한 점이라면 지구 중력권에서 벗어날수록 동력 에너지가 적게 든다는 점이다. 우주 공간의 무중력 상태는 물론이고 달이나 화성도 지구보다는 훨씬 중력이 약하다. 우주 식민지를 건설할 때는 실내를 지구와 같은 1기압으로 유지하는 정도가 큰일일 것이다. 반면에 바다 속은 내려가면 갈수록 급격히 높아지는 수압이 큰 문제가 된다. 건축 자재들의 구조 강도도 높은 기준이 필요하고 수압을 버틸 기술 개발도 선행되어야 한다. 그래도 풍부한 자원을 고려해 보면 우주보다는 바다가 손안의 떡처럼 여겨진다.

그럼에도 인류의 눈은 바다보다는 우주를 향해 있는 것 같다. 21세기의 현 시대는 정치인들도, 기업가들도 우주 진출을 말한다. SF 작가나 영화 감독 같은 문예 창작자들은 말할 것도 없다. 그 이유는 무엇일까? 우리 인류가 아득한 원시 시대 때부터 우주를 향한 원초적인 동경을 품어 온 존재이기 때문이다. 인류는 경제적인 타산을 따지기에 앞서 위험과 불안을 무릅쓰고 그저 드넓은 우주라는 미지의 바깥 세계를 바라보며 호기심을 갖고 갈망하다 마침내 도전하고 있다. 사실 이것이야말로 지금의 현대 문명을 이룩한 가장 핵심적인 동인이 아닐까. 인류가 금세기에 우주로 진출할지 아니면 바다를 개발할지가 흥미로운 관전 포인트일 수도 있겠지만, 결국 인류는 우주로 향할 것이다.

3. 로켓 없이
우주에 가는 방법

　대부분의 우주 SF 영화들이 대충 넘어가는 대표적인 장면이 바로 지구에서 출발해 우주의 다른 곳으로 날아가는 부분이다. 영화들마다 개성 넘치는 멋진 우주선들이 등장해서 우주로 곧장 치솟는데, 사실 바로 이 부분이 현실과 허구의 가장 큰 괴리 가운데 하나다.

　현실의 우주선에게 가장 큰 문제는 지구의 중력권을 탈출하는 것이다. 이 때문에 강력한 추진력을 지닌 로켓 엔진이 필요하다. 거대한 로켓 몸체의 대부분은 엔진 연료이며 일단 우주에 진입하면 텅 비어서 무용지물이 되기에 버려진다. 일론 머스크가 세운 로켓 회사 스페이스 X가 주목받는 이유는 이 로켓을

1회용이 아니라 재사용이 가능하도록 만들어서 발사 비용을 절감하기 때문이다. 아무튼 핵심은 지구를 벗어나려면 로켓이 필요하다는 사실이다.

SF에 등장하는 우주선들은 대부분 이런 묘사가 없다. 지구에서 이륙한 우주선이 그 모습 그대로 우주를 누빌 뿐, 텅 빈 연료 탱크를 버리는 절차 따위는 찾아보기 힘들다. 반중력이나 미지의 강력한 에너지원 같은 미래 첨단 기술을 썼을 수도 있지 않느냐는 반론이 있을 것이다. 그러나 지구 표면처럼 중력이 센 곳에서는 그만큼 많은 반중력을 발생시켜야 할 테니 막대한 에너지가 필요하기는 마찬가지다. 결국 에너지 보존 법칙을 거스르지 않으면서 우주로 가는 뭔가 획기적인 방법은 없는 것일까?

좀 황당한 얘기지만 엘리베이터를 타면 된다. 앞서 얘기한 재사용 로켓보다도 훨씬 경제적이다. 보통 지상에서 80~100킬로미터부터 우주 영역으로 들어가는데, 우주 엘리베이터는 자그마치 3만 6천 킬로미터 높이의 어마어마한 규모로 건설되는 것을 말한다. 그 원리를 간단히 설명하면 다음과 같다.

인공위성들 중에는 '정지위성'이라는 것이 있다. 지구상에서 봤을 때 늘 그 자리에 머물러 있는 것처럼 보이는 위성이다. 사실 정지위성은 다른 인공위성들과 마찬가지로 지구 둘레를 돌고 있지만, 그 공전 속도가 지구의 자전 속도와 똑같기에 지구에서 보면 항상 제자리에 머물러 있는 것처럼 보인다. 바로 이 정지위성에서 마치 '잭과 콩나무'처럼 지상까지 밧줄을 드리운다고 상상해 보자. 이 밧줄을 타고 올라가면 우주에 도달할 수 있다. 물론 실제로 밧줄을 매달면 그 무게 때문에 정지위성이 추락해 버리므로, 같은 무게의 추를 반대 방향에 매달아야 한다. 이러면 원심력과 구심력이 평형을 이루어 정지위성처럼 계속 그 자리를 지키게 된다.

　우주 엘리베이터의 개념이 처음 나온 것은 무려 120년도 훨씬 더 된 1895년의 일이다. 러시아 우주 과학의 아버지라 일컬어지는 콘스탄틴 치올코프스키Konstantin Tsiolkovskii가 처음 구상했으며, 정지위성을 거점 삼아서 건설한다는 상당히 구체화된 아이디어 역시 옛 소련의 과학자가 1959년에 제시한 바 있다. 그러나 우주 엘리베이터에 대한 상세한 내용을 생생하게 묘사하여 대중에게 널리 알린 것은 세계적인 SF 작가였던 아서 클라크가 1979년에 발표한 장편소설 『낙원의 샘The Fountains of Paradise』이다. 이 작품은 스리랑카의 불교 사원에 우주 엘리베이터가 건설되는 과정을 다양한 기술적, 사회문화적 시각으로 심도 있게 묘사하여 SF계에서 가장 권위 있는 양대 문학상인 휴고상과 네뷸러상을 동시에 받았다.

　그러면 우주 엘리베이터는 과연 언제쯤 건설될 수 있을까? 그동안 이 아이디어는 이론적으로만 가능할 뿐 현실에서는 불가능하다고 여겨졌다. 가벼우면서도 매우 튼튼한 소재가 있어야 하는데 강철을 포함한 어떤 금속도 이런 조건을 충족시키지 못했기 때문이다. 그러나 최근 개발된 탄소 나노 튜브Carbon Nano Tube로는 가능하다는 것이 입증되어 세계 여러 나라에서 기술 개발이 진행되고 있다. 다만 우주 엘리베이터 건설은 역사상 최대의 토목공사가 될 가능성이 높기 때문에 어느 한 국가나 기업 차원에서 감당하기에는 그 규모가 너무 클 것으로 예상된다. 아마도 유엔UN이 나서야 할 정도의 전 지구적 컨소시움이 결성되어야 할 것이다.

우주 엘리베이터는 우리에게는 생소하지만 일본이나 영미권 등 SF가 많이 보급된 곳에서는 진작부터 낯익은 개념이었다. 「건담」이나 「총몽」 등 숱한 일본 만화들에도 수십 년 전부터 등장했었다. SF의 보급은 이렇듯 과학적 상상력의 대중적 확산과도 밀접한 연관이 있다.

SF에서 묘사하는 우주로 날아가는 이야기 중에서 역시 백미는 항성 간 우주여행일 것이다. <스타 워즈Star Wars>나 <스타 트렉Star Trek> 같은 영화를 보면 이런 멋진 우주여행에 관한 환상을 충족시켜 준다. 우리는 이들 영화를 보면서 과학 기술이 발달하기만 하면 언젠가는 그런 멋진 항성 간 장거리 우주여행을 할 수 있을 것이라고 믿는다. 과연 국제선 비행기를 타고 다니듯이 우주 이곳저곳을 누비는 일이 미래엔 가능해질까?

현실은 만만치 않다. 과학 기술이 아무리 발전해도 우주의 기본적인 물리 법칙을 거스를 수는 없기 때문이다. 바로 상대성이론 이야기인데, 이에 따르면 우주에서 빛보다 빠르게 움직일 수는 없다. 움직이는 물체의 속도가 광속에 도달하는 순간 질량은 무한대가 되어 버리기 때문이며, 무한한 질량을 지닌 물체의 운동을 제어하려면 무한한 에너지가 필요하다. 즉, 논리적으로

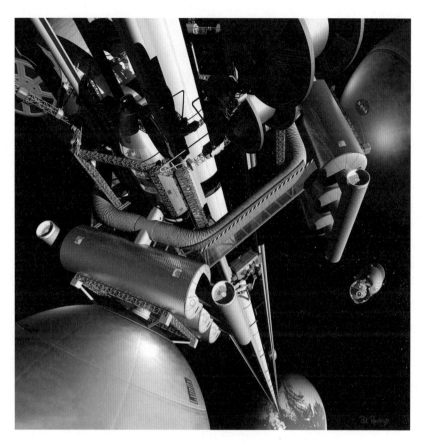

우주 엘리베이터 상상도.
우주 엘리베이터를 건설한다면 정지위성 궤도인 지구 상공 3만 6천 킬로미터
높이에 지어질 것이다. 이는 공전 속도와 지구의 자전 속도가 똑같아서 항상
제자리에 머물러 있는 것처럼 보일 높이다.

불가능의 영역에 들어가 버리는 것이다.

그래서 <스타 워즈>나 <스타 트렉>은 물론이고 <인터스텔라>처럼 과학적으로 상당히 그럴듯해 보이는 영화들조차 '웜홀'이라는 개념을 끌어들인다. 웜홀을 이용해 일종의 초공간 도약, 혹은 '워프 항법warp navigation'이라는 수단으로 순식간에 장거리를 뛰어넘는다는 발상이다. 하지만 웜홀은 그저 SF적인 상상일 뿐, 과학적으로 그 존재가 검증된 것이 아니다. 단지 까마득한 우주 공간을 여행할 수 있는 논리적 설명을 찾는 과정에서 나온 그럴듯한 가설에 지나지 않는다.

그렇다면 인간에게 장거리 우주여행은 과연 이룰 수 없는 꿈인 걸까? 이론적으로는 불가능하지 않다. 몇 십 년이나 몇 백 년이 걸려서라도 광속보다 느리게 천천히 날아가면 된다. 게다가 빛의 속도까지 이르지는 않더라도 최대한 가속하면 할수록 우주선 안에 타고 있는 사람에게는 시간도 천천히 흐른다. 이 역시 상대성 이론에 따른 것으로, 움직이는 물체는 정지해 있는 물체보다 시간이 느리게 간다는 시간 지연 효과 덕분이다. 하지만 이런 효과도 목적지에 가까워지면서 우주선을 감속할수록 사라지게 되고, 무엇보다도 가속할 때만큼이나 감속하는 데에도 어마어마한 에너지가 소요된다. 결국 이것저것 따져 보면 인간이 태양계를 벗어나 다른 항성계로 여행하는 일은 요원해 보인다. 과연 방법이 없는 걸까?

우주의 까마득한 물리적 공간이 건널 수 없는 장벽으로 인식되는 이유는 우리 인간의 생물학적인 한계 때문이다. 인간은 계속 양분을 섭취해야만 생명을 유지할 수 있으며, 그럼에도 불구하고 수명이 한정되어 있어 결국에는 죽음을 맞는다. 몇 백 년씩 걸리는 장거리 우주여행에는 전혀 적합하지 않은 존재이다. 설령 인공 동면 기술이 개발된다 하더라도 몇 백 년의 시간이면 생물학적 부패나 부식 과정을 견디기 힘들 것이다.

그렇다면 인간의 육신을 완전히 다른 것으로 대체해 버리면 어떨까? 유기물, 즉 탄소에 기반한 신진대사가 더 이상 필요 없도록 무기질의 기계 몸체로 바꾸어 버리는 것이다. 여러 미래학자가 전망하는 '특이점'은 바로 그런 변화를 말한다. 인간 두뇌의 모든 정보를 컴퓨터 가상 공간에 옮겨놓으면 인간은 사실상 영생을 누릴 수 있으며, 육신은 그때그때 필요에 따라 자유롭게 선택할 수 있다. 마치 <공각기동대攻殼機動隊>의 주인공과 마찬가지다. 이렇듯 인간이 기계와 결합하면 장거리 우주여행의 천문학적인 스케일에 걸맞은 존재가 될 수 있다.

사실 이런 이론은 외계 생명체를 연구하는 학자들 사이에서 꽤 설득력 있는 가설이다. 만약 외계에서 우주선이 지구로 온다면, 탑승자는 우리처럼 유기물 생명체가 아니라 일종의 로봇 생명체일 가능성이 높다. 물론 우리가 알지 못하는 어떤 놀라운 과학 기술을 쓸 수도 있지만, 상대성 이론과 같은 우주 공통의 물리 법칙을 마음대로 주무르는 존재보다는 무기질 형태의 생명체라고 생각하는 편이 더 과학적으로 설득력이 있다.

그렇다면 우주에는 인간과 같은 유기물 생명체 말고 전자칩 같은 기계 생명체가 정말 있을까? 1979년에 나온 <스타 트

렉> 극장판 1편이 바로 이런 설정을 담은 작품이었다. 영화에서는 오래전 지구에서 쏘아 올린 보이저 우주 탐사선이 먼 미래에 어떤 외계 행성에 도달한다. 그런데 그곳에 살고 있는 기계 생명체가 하늘에서 내려 온 보이저호를 신의 강림으로 받아들이고 추앙하면서 거기에 깃든 과학 기술을 스스로 습득하고 발전시켜 놀라운 문명을 이룩하게 된다.

이쯤에서 현실의 외계 생명체 연구에 대해 짚고 넘어가 봐야 하지 않나 생각한 독자가 있다면 상당히 눈치가 빠른 것이다. 그렇다. 지금 이 시간에도 큐리오시티나 오퍼튜니티 같은 로봇 탐사선이 생명체의 흔적을 찾아 열심히 화성 표면을 누비고 있지만, 엄밀히 말해서 이들은 화성에서 '지구형 생명체'를 찾고 있는 것이다. 좀 과장해서 말하자면 나무에 올라가서 물고기를 구하는 '연목구어緣木求魚'라는 말을 연상시키는 상황인 셈이다.

화성은 지구와 전혀 다른 토양이나 대기 환경을 지녔고 기온이나 기압, 중력과 자기장 등 모든 조건이 다르기 때문에 만약 화성에 생명체가 발생했다면 당연히 지구와는 아주 이질적일 것이다. 화성에서 물의 존재가 확인되긴 했지만 그것만으로 지구형 생명체의 존재 가능성을 속단하긴 이르다. 사실 과학자들도 이런 가능성들을 알고 있겠지만 달리 기준이 없기 때문에 일단은 지구형 생명체의 흔적을 찾고 있는 것이다.

아무튼 항성 간 우주여행에서 꼭 인간이나, 인간에 준하는 무언가를 태울 필요는 굳이 없다. 무인 우주선이 어쩌면 가장

현실적인 대안인지도 모른다. 다음 장에서 소개하는 무인 우주
선 프로젝트야 말로 현재로서는 가장 실현 가능한 항성 간 우주
여행이라 할 수 있다.

4. 다이달로스의 후예들

    1933년에 설립된 영국행성간협회BIS: British Interplanetary Society
는 세계에서 가장 오래된 우주 탐사 관련 조직이다. 이곳에서
1970년대에 '다이달로스 프로젝트'라는 우주선 계획을 세운 바
있다. 목표는 항성 간 무인 우주선을 설계하는 것이다. 프로젝
트에서는 현재 또는 가까운 미래에 실현 가능한 과학 기술을 가
지고 인간의 일생이라는 시간 안에 목적지에 도착한다는 조건
에 맞추려고 했다. 태양계를 벗어나 다른 항성까지 가려면 가장
가까운 프록시마 센타우리Proxima Centauri까지도 빛의 속도로 4년
이 훨씬 넘게 걸리기 때문에, 인간의 일생 안에 다른 항성에 도
착한다는 것은 상당히 고난도의 미션이다.

이들이 설계한 다이달로스 우주선은 핵융합 엔진을 쓰는 2단계 로켓이며 50년 동안 우주 공간을 날아 태양계에서 6광년 떨어진 바너드Barnard 별까지 도달할 수 있다고 한다. 1단계 로켓이 2년간 가속을 해서 광속의 7퍼센트 정도까지 속도를 올리고 난 뒤 분리되고, 이어서 2단계 로켓은 2년이 조금 못 되는 기간 동안 가속을 더해서 광속의 12퍼센트까지 올라간다. 그러고는 나머지 46년간 이 속도로 계속 관성 비행을 한다는 것이다. 감속할 연료가 없기 때문에 바너드 항성계에 도달해도 그대로 통과하게 되지만, 대신에 싣고 간 소형 로봇 우주선들을 쏘아 보내서 탐사를 계속한다. 빠르면 21세기가 끝날 즈음에는 실제로 이런 우주선을 만들 수도 있을 것이다.

다이달로스는 원래 그리스 신화에 나오는 인물이다. 어떤 종류의 연장이나 도구들도 척척 만들어 내는 명장으로 유명해서 미노스 왕의 부탁으로 크레타섬에 미로를 만든다. 그러나 다른 일로 왕의 노여움을 사서 아들인 이카로스와 함께 그 미로에 갇혀 버린다. 두 사람은 몸에 깃털 날개를 붙여 미로를 탈출하지만, 이카로스는 태양에 너무 가까이 다가가는 바람에 깃털을 붙인 밀랍이 녹아서 그만 바다에 떨어져 죽고 말았다는 이야기가 널리 알려져 있다. 반면 다이달로스는 무사히 산토리니섬까지 날아가는 데 성공한다.

현대에 와서 다이달로스의 탈출을 실제로 재현하는 이벤트가 열린 바 있다. 신화와 마찬가지로 동력을 쓰지 않고 사람의 힘만으로 하늘을 나는 비행체, 즉 '인력 비행기HPA: Human

Powered Aircraft' 행사가 있었다. 다이달로스의 신화를 재현하는데 쓰인 인력 비행기는 미국 MIT대학과 미국립항공우주박물관이 36명에 이르는 과학자, 엔지니어, 기상학자들의 도움을 받고 100만 달러의 경비를 투자하여 만든 것으로, 탄소 섬유carbon fiber와 케블라Kevlar라는 특수 합성섬유로 동체를 만들어 날개 길이가 34미터에 달함에도 불구하고 중량은 32킬로그램밖에 안 되었다. 케블라는 강철보다 5배나 강하면서도 유리섬유보다 가벼운 물질이다. 이 비행기의 이름이 '다이달로스'였다.

인력 비행기인 다이달로스는 1988년 4월 23일에 크레타섬을 이륙하여 평균 시속 30킬로미터, 평균 고도 6미터로 바다 위를 4시간가량 날아가서 마침내 산토리니섬에 도달했으나, 해변을 얼마 남겨 두지 않고 맞바람을 맞아 그만 날개와 꼬리가 부러져 추락하고 말았다. 그러나 조종사는 사이클 대회에서 수차례 우승한 경력자답게 마라톤 완주를 두 번 하는 것과 맞먹는 체력을 소모하고도 조종석을 깨고 나와 해변까지 헤엄쳐 갔다. 결국 그리스 신화의 재현에는 성공한 셈이다.

다이달로스라는 이름은 다른 곳에서도 찾아볼 수 있다. 클린트 이스트우드Clint Eastwood가 감독하고 주연한 영화 <스페이스 카우보이Space Cowboys>를 보면 1950년대에 실험용 초음속 비행기를 조종하는 사람들이 나오는데, 그 테스트 파일럿 팀의 이름도 다이달로스이다. 영화에서는 나이가 들어 정년퇴직한 그들을 미국항공우주국이 다시 찾는다. 옛 소련이 쏘아 올렸던 통신위성이 지구로 추락할 위기에 처하자 응급조치를 하려 하지만 낡은 전기식 시스템을 아는 사람이 없어서 급히 옛 기술에 익숙한 전문가를 부른 것이다.

이 영화 마지막에는 감동적인 장면이 나오는데, 평생을 우주를 향한 꿈에 젖어 살던 한 인물이 문제를 해결하는 대가로 자신을 스스로 희생시키면서 달을 향해서 돌아올 수 없는 편도 비행길에 오르는 것이다. 배경에 깔리는 명곡 「플라이 미 투 더 문Fly me to the Moon」이 더할 나위 없이 어울리는 장면이었다. 하늘에 도전한다는 의미가 담긴 다이달로스의 후예로서는 멋진 최후인 셈이다.

아무튼 무인 우주 비행의 경제성이나 현실성은 차치하고 유인 우주 비행은 여전히 인류의 오랜 꿈이자 낭만임에는 틀림없다. 이는 1969년에 미국의 아폴로 11호 우주선이 사흘 동안 우주 공간을 날아가 달에 도달한 뒤, 닐 암스트롱Neil Armstrong이 인류 최초로 달에 발을 디디던 순간부터 줄곧 이어져 왔다. 작년이었던 2019년이 바로 인류가 달에 간 뒤 50주년이 된 해였다.

그런데 잘 알려지지 않은 또 하나의 우주 개발 관련 50주년이 있다. 2019년은 바로 일본의 다네가시마우주센터가 설립된 지 50주년이 된 해이기도 하다. 이곳은 현재 일본의 모든 상업용 로켓 발사를 전담하는 곳이며, 우리나라의 아리랑 3호 인공위성도 이곳에서 발사된 뒤 우주 궤도에 올랐다.

다네가시마우주센터가 들어서 있는 섬인 다네가시마는 모래사장과 바위, 해식 동굴들의 풍광이 일품이다. 다네가시마는 한국에서 가까운 가고시마의 남쪽에 있으며 유네스코 세계자

전라남도 고흥군 나로우주센터의 일반인 관람 구역에 있는
KSLV-1 나로호의 실물 크기 모형

연문화유산이자 '원령공주의 숲'으로 유명한 섬인 야쿠시마와
이웃해 있다. 수령이 3천 년이 넘는 삼나무들이 즐비한 원시림
의 야쿠시마는 한때 한국 관광객들이 자주 방문하기도 했지만
다네가시마는 관광지로서는 큰 매력이 없어 일본인들도 많이
찾지 않는 곳이다.

2009년에 준공된 우리나라의 나로우주센터와 비교하면 다
네가시마우주센터는 상업적으로 운용되고 있는 로켓 발사장이
라는 큰 차이가 있다. 나로우주센터는 현재 우리 정부가 개발
중인 한국형 로켓 발사체의 시험장인데, 앞으로 상업적인 운용

을 할 가능성이 있을지 현재로서는 알 수 없다. 로켓 개발에 성공해도 세계 발사체 시장에서 경쟁력을 갖는 것은 또 다른 문제이기 때문이다. 우리나라의 자체 수요만으로 로켓을 계속해서 만들고 발사장을 운용한다면 수지 타산을 따지기는 어려울 것이다.

일본의 로켓은 민간 기업인 미쓰비시가 만들고 쏘아 올린다. 다네가시마우주센터에서도 그 회사 직원들의 영향력이 세다는 말이 들린다. 미쓰비시가 만든 H-II형 로켓은 이제까지 60회가 넘게 발사되었지만 실패한 경우는 단 두 번뿐이라고 한다. 잘 알려져 있다시피 미쓰비시는 2차 세계 대전 당시에 일본의 수많은 전쟁 무기들을 생산했었으며 강제 징용으로 끌려간 한국인들이 일했던 전범 기업이기도 하다. 일제 강점기에 미쓰비시가 강제노동을 시킨 대표적인 예가 영화 <군함도>의 실제 배경인 하시마섬이다. 아리랑 3호 위성을 쏘아 올릴 당시에도 왜 전범 기업의 로켓을 이용하느냐는 문제 제기가 있었다.

다네가시마우주센터는 미리 신청만 하면 가이드 투어를 통해 로켓 발사대 바로 앞까지 가 볼 수 있다. 차량에서 내릴 수는 없지만 사진 촬영은 가능하다. 50년이나 되다 보니 이미 낡아서 폐쇄된 발사장도 있는 반면, 방문객들을 위한 우주 박물관은 비교적 콘텐츠가 잘 꾸며져 있다. 나로우주센터에도 일반인이 방문할 수 있지만 우주 과학관만 볼 수 있고 센터 내부로는 들어갈 수 없다. 안전이나 보안 문제로 일반인들이 발사대까지 들어가 보는 것은 허용되지 않는다.

나로우주센터가 위치한 외나로도는 육지와 이어져 있으나 다네가시마는 배나 비행기로만 갈 수 있기에 외딴 지역이라는 느낌이 강하다. 다네가시마우주센터가 넓고 아름답기는 해도 평소에는 한적한 곳이다. 그래도 로켓 발사 때면 숙소가 모두 동나고 공원이나 전망대 등 구경하기 좋은 자리는 일찌감치 사람들로 채워지는데, 특히 야간 발사가 장관이라고 한다. 다네가시마는 1년에 2~4차례 있는 로켓 발사를 대표 이벤트로 삼아 반짝 관광 특수를 누리는 셈이다.

다네가시마는 일본 과학 기술사에서 기억해 둘 만한 또 하나의 역사를 품고 있다. 바로 16세기 중반에 포르투갈 상인에 의해 조총이 처음으로 전해진 곳이 다네가시마다. 다네가시마 영주가 거금을 주고 화승총을 구입한 뒤 대장장이에게 복제, 제작하도록 한 것이 일본식 조총의 시작이었다. 사무라이들이 휘두르는 칼보다 월등한 전투력을 지닌 조총은 곧 일본 전역에 퍼졌고, 그로부터 50년쯤 뒤에 임진왜란이 일어날 때 일본군의 주력 무기가 되었다.

그런데 다네가시마우주센터나 우리나라의 나로우주센터는 공통점이 한 가지 있다. 아직까지 유인 우주선을 쏘아 올리지 못한다는 점이다. 이제까지 일본에서 배출한 스무 명 넘는 우주 비행사들은 모두 미국이나 러시아 등의 로켓을 타고 우주로 갔다. 그래도 우주 비행사를 선발하고 훈련하는 일이 계속 이어지고 있기에 일본에서는 대중문화에서 이와 관련된 내용을 자주 접할 수 있는 편이며 대부분 우리나라에도 소개되어 있다. 우주 비행사를 꿈꾸는 청소년이라면 우리나라에 번역된 일본의 관련 만화들만 일독해도 상당한 정보를 얻을 수 있을 정도이다.

그중에 가장 유명한 작품은『우주형제宇宙兄弟』일 것이다. 원작 만화는 아직도 연재 중이지만 앞부분이 영화로 만들어져 지난 2012년에 개봉된 바 있다. 애니메이션으로도 만들어졌으나 원작 만화를 보는 편이 내용을 소화하기에 가장 좋다. 현실적으로 우주 비행사가 되려면 어떤 과정과 능력을 갖춰야 하는지를 국제우주정거장 및 달 탐사 등을 배경으로 상세히 묘사했으며 과학적 아이디어나 사고방식을 키우기에도 도움이 된다.

우주를 꿈꾸는 10대들의 사연을 감성적으로 잘 그려서 주목받은『트윈 스피카ふたつのスピカ』는 우주 비행사 양성 과정 못지않게 우주에 대한 동경 및 동료 간의 우정을 섬세하게 고찰한 아름다운 작품이다. 우주 비행사를 꿈꾸는 소녀가 주인공으로 등장하며 성장과 성숙의 매 단계들이 우주 개발이나 과학적 상황과 연관되어 독특한 감동을 자아낸다.

우주 비행사가 하나의 직업으로 정착될 가까운 미래 사회의 모습을 설득력 있게 잘 그린 작품으로는『플라네테스プラネテス』와『문라이트 마일Moonlight Mile』을 꼽을 수 있다.『플라네테스』는 우주 쓰레기 수거라는 미래 직종 종사자들을 중심으로 다양한 사연들이 펼쳐지는데 특히 인간이 우주에 진출한 근미래에 나타날 수 있는 새로운 환경과 그에 따른 평범하지 않은 상황들이라는 발상이 돋보인다. 그런 설정들 대부분이 설득력

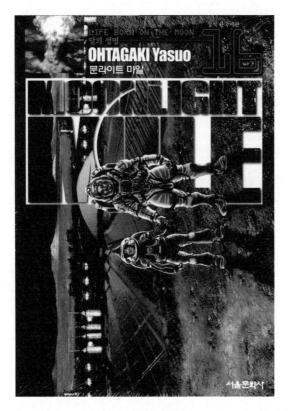

『문라이트 마일』(오타가키 야스오 글·그림, 서울문화사 2008) 16권 표지 이미지.
미국과 중국을 중심으로 한 우주 개발이 진행된 근 미래를 사실적으로 그려내
주목받은 수작이다.

높다는 점도 이 작품의 커다란 미덕이다.

『문라이트 마일』은 거시적 시야, 즉 미국과 중국 등을 중심으로 한 국제 정세의 측면에서 우주 개발이 진행된 근 미래 사회를 실감나게 그려 예전부터 주목을 끈 성인용 작품이다. 주인공은 일본인 우주 엔지니어인데 달에 도시가 건설되기까지 몇십 년간의 세월 동안 미국인 동료 등과 우정과 대결이 교차하는 이야기를 엮어 나간다. 우주 강대국들은 물론이고 중동이나 북한까지 아우르는 디테일한 캐릭터 설정들이 일품이다. 향후 달 개발의 헤게모니를 둘러싸고 실제로 강대국들 간에 긴장이나 대치 상황이 생긴다면 아마 이 작품은 반드시 레퍼런스로 언급될 것이다.

우리나라에서 우주 비행사를 꿈꾸는 사람이라면 지금으로서는 좀 막막한 것이 사실이다. 우리 정부에서 자체적으로 우주 비행사를 양성할 계획이 현재로서는 없기 때문이다. 가장 희망적인 시나리오는 어느 나라에서든 국가가 아닌 민간 기업이 전 세계인을 대상으로 우주 비행사를 선발하는 것인데, 아직까지는 거액의 돈을 받고 우주여행을 체험시켜 준다는 정도밖에는 나오는 얘기가 없다. 그래도 금세기 안에 우주 개발이 본격적으로 진행될 가능성은 높은 편이니, 우주를 꿈꾸는 젊은 세대라면 기대해 볼만하다.

5. 빛보다 빠른 초광속 통신은
가능할까

 아득한 우주 저편에서 온 양성자 두 개가 인류 전체를 감시한다. 이것을 보낸 외계 문명은 지구를 정복하기 위해 대규모 우주 함대를 이미 발진시켰다. 우주 함대의 속도는 광속보다 느리기에 400년이 지난 뒤에나 도착할 예정이지만, 그동안 양성자는 인류를 감시하면서 정보를 실시간으로 계속 보낸다.

 중국 SF 작가 류츠신劉慈欣의 장편 소설 『삼체三體』는 위와 같은 설정을 바탕으로 문화혁명부터 인류의 근 미래까지, 또 우주 지적 문명의 다양한 생태에서 현란한 과학 기술 아이디어들까지 종횡으로 누비는 걸작이다. 최고 권위의 SF 문학상인 휴고상까지 받으면서 최근 세계 SF 문학계의 총아로 떠올랐는데,

이제껏 접했던 서양 SF와는 다른 독특한 '대륙의 향기'가 느껴진다.

『삼체』는 과학 기술의 묘사에 공을 들이는 하드 SF이기도 하다. 과학적으로 말이 안 되는 것 같은 기묘한 현상을 제시해 놓고는 그게 어떻게 가능할 수 있는지를 온갖 과학적 상상력을 동원하여 설득력을 부여한다. 작가의 상상력을 따라가다 보면 실현 가능성과는 상관없이 그 자체로 무척 흥미진진한 지적 유희가 된다. 『삼체』에는 그런 아이디어가 끊임없이 등장하는데, 여기서는 '초광속 통신'에 대해 살펴보려 한다. 물질을 이루는 기본 단위 중 하나인 양성자가 어떻게 초광속 통신의 매개가 된다는 걸까.

초광속 통신은 글자 그대로 빛보다 빠르게 소식을 주고받는 것이다. 현재까지 인류가 알고 있는 지식 체계 안에서는 불가능한 기술이다. 전파의 속도는 빛과 같을 뿐이다. 태양계에서 가장 가까운 외계 항성인 프록시마는 약 4.2광년 떨어져 있는데, 만약 이곳에 지적인 외계인이 있어서 우리와 통신을 한다면 메시지를 보내고 그 답을 받기까지 8년 넘게 기다려야 한다는 얘기다. 도저히 효율적인 대화를 할 수가 없다.

그래서 이제껏 많은 SF들이 가상의 초광속 통신 기술을 등장시켰다. 가장 유명한 것이 어슐러 르 귄Ursula Le Guin의 작품들에 나오는 '앤서블ansible'이다. 앤서블은 거리에 관계없이 실시간으로 쌍방향 정보 교환이 가능한 장치인데, 르 귄의 대표작인 『빼앗긴 자들The Dispossessed』에 이 장치를 발명하는 주인공의 이

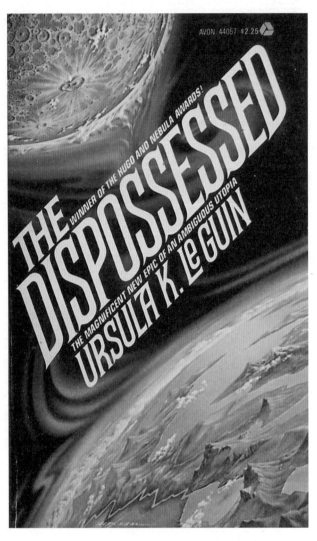

어슐라 르귄의 『빼앗긴 자들』 9판 표지 이미지.
이 작품에는 거리에 관계없이
실시간으로 쌍방향 정보 교환이 가능한 '앤서블'이란 장치가 나온다.

야기가 나온다. 사실 르 귄은 하드 SF 작가가 아니라서 이 장치의 과학적 원리에 대해서는 자세한 설명을 넣지 않았지만, 워낙 SF 문학사에서 차지하는 비중이 큰 인물이라 앤서블이라는 설정이 널리 알려지면서 다른 작가들도 이 장치를 자기 작품에 차용해 쓰곤 했다.

류츠신의 『삼체』에 나오는 초광속 통신은 현대 물리학계에서도 논의하고 있는 '양자 얽힘quantum entanglement'이라는 개념을 끌어와서 그럴듯한 논거로 제공하고 있다. 서로 얽혀 있는 두 개의 양자는 어느 한쪽의 상태가 결정되면 나머지 하나의 상태도 즉시 알 수 있다. 예를 들어 둘 사이의 거리가 아무리 멀리 떨어져 있어도 어느 한쪽의 상태가 'on'이면 즉각 나머지 한쪽의 상태는 'off'인 것을 알 수 있는 동시성의 원리가 적용된다는 것이다. 『삼체』의 외계인들은 '지자智子'라는 양성자 컴퓨터를 만든 다음 감시 프로그램을 전개하는데, 그 과정에서 다른 물리학적 차원을 통하기 때문에 인류는 포착이 불가능한 것으로 설명된다. 사실 양자 얽힘 이론을 적용해도 초광속 통신 자체는 불가능하다는 반론이 우세하지만, 아무튼 이런 논의를 통해 물리학이 미지의 영역을 계속 개척해 나가다 보면 언젠가 또 혁명적인 발견이나 이론이 등장할지도 모를 일이다.

이렇듯 초광속 통신과 관련하여 물리학에 영감을 불어넣는 SF적 아이디어로는 '타키온tachyon'도 유명하다. 타키온은 빛보다 빠른 속도로 움직인다는 가상의 소립자이다. 사실 타키온 자체는 SF 작가가 아니라 물리학자가 가설로 처음 내놓은 것이고 그 성질까지 수학적으로 분석되어 있지만 아직 그 존재는 발견되지 않았다. 그러나 SF로서는 과학적 설득력을 불어넣을 수 있는 너무나 좋은 아이디어이기에 그동안 <스타 트렉> 시리즈 등 많은 작품들이 적극 차용해 왔다.

과학적인 근거는 희박한 편이지만 생리 심리학적 아이디어도 있다. 정신 감응, 즉 텔레파시를 통해서 초광속 통신을 한다는 설정이다. <스타게이트Stargate> TV 시리즈에 이런 능력자가 나오며, 로버트 하인라인Robert Heinlein의 장편 『별을 위한 시간 Time for the Stars』에도 이런 능력을 지닌 쌍둥이가 등장한다. 이외에도 '울트라웨이브', 혹은 '하이퍼웨이브'라는 개념을 내세운 작품이 몇몇 있다. 다른 시공간을 통해 정보가 축지법처럼 전달된다는 원리인데 실제 과학 이론과는 물론 거리가 있다. 그래도 이렇게나마 과학적 정합성을 부여하려는 노력은 평가할 만하다. 우주인이나 우주선처럼 질량과 부피를 지닌 물체는 초광속 운동이 불가능하지만 물리적 실체가 없는 정보만이라면 가능할 수도 있지 않을까 하는 상상에 어떻게든 타당성을 심어 보려는 태도이기 때문이다. SF와 과학 기술의 상생은 바로 이런 노력을 통해 빛을 발한다.

사실 여러 과학적이고 기술적인 문제를 해결하기 위해서는 이러한 SF적 상상력을 비롯한 패러다임 자체를 바꾸는 발상의 전환이 어느 정도 필요한 것도 사실이다. 이러한 사고의 전환이 혁신으로 이어져 최근에는 우주 개발의 패러다임이 바뀌고 있다. '뉴스페이스NewSpace'는 세계적인 추세로 떠오른 우주 개발의 새로운 성격을 뜻하는 말이다. 한마디로 말해 국가가 아닌 민간 기업들이 우주 개발을 주도한다는 개념이다. 일론 머스크의 우주 기업 스페이스 X는 이미 재사용이 가능한 로켓 발사체를 개발하여 상업 운용을 하고 있고, 우리나라에서도 민간 기업인 쎄트렉아이가 인공위성을 수출하며 세계 소형 관측 위성 시장을 삼분하고 있다. 해외에서는 우주 관광이나 우주 광산 개발, 우주 식민지 건설 등의 전망을 품은 스타트업들이 계속 생겨나고 있다.

뉴스페이스는 다른 사고의 전환도 요구한다. 우주 산업은 더 이상 거대한 중공업이 아니다. 우주 개발에 뛰어들기 위해 처음부터 로켓을 만들 필요는 없다는 뜻이다. 이제 중요한 것은 우주에 어떻게 올라가느냐보다 우주에 올라가서 무엇을 하느냐다. 우주로 가기 위해서는 이미 검증된 해외의 로켓 발사체를 임대해 쓰면 된다. 게다가 우리나라 정부에서 개발 중인 발사체도 빠르면 몇 년 안에 실용화 단계에 도달한다. 뉴스페이스 시대에 민간 기업이 고민할 부분은 우주에서 구현할 수 있는 수익모델이 어떤 것들인지 탐구하는 것이다.

실마리가 될 장면 하나가 1997년에 발표된 SF 영화 <콘택트>에 나온다. 한 노인이 러시아의 우주 정거장 미르에 머물다가 지병으로 숨을 거둔다. 주인공의 후원자인 그는 공업 특허로 재벌이 된 엔지니어인데, 투병으로 거동이 불편하게 되자 무중력 상태인 우주 정거장에 올라가서 말년을 보낸 것이다. 이렇듯 근력이 쇠퇴하는 노년층을 생각하면 '우주 양로원'의 상업적 가능성은 밝은 편이다. 우주 관광과 우주 거주 산업은 관련 기술이 발달하면 할수록 소비자 부담이 계속 내려갈 것이므로, 어쩌면 금세기 안에 꽤 많은 사람들이 평생 계획의 마지막을 우주 이민으로 잡을지도 모른다.

우주에 공장을 건설하는 것도 매력적인 아이디어다. 지구 상의 공장과 제조 공정들은 기본적으로 중력을 고려한 설계이다. 무거운 물건을 들어 올리는 크레인이나 하중을 견디는 크고 튼튼한 재료가 필수적이며 이에 소모되는 에너지 비용도 막대하다. 그러나 우주의 미소 중력에서는 동력 에너지가 크게 절감된다. 물질의 성질을 이용한 원가 절감도 가능하다. 볼 베어링을 만드는 경우 지구상에서는 쇠구슬을 완벽한 구형으로 연마하기 위해 많은 가공을 해야 하지만 무중력 상태에서는 쇳물을 방울로 떨어뜨리면 표면장력에 의해 저절로 동그란 모양을 이룬다. 이를 통해 정밀 가공까지의 단계를 획기적으로 줄여 생산비를 낮출 수 있다.

세계 최초로 인공위성이 올라간 1957년에 일어났던 '스푸트니크 쇼크' 이후 20여 년 넘게 우리나라에서 과학 문화 분야의 핵심 키워드 가운데 하나는 '우주'였다. 그 기간에 아폴로 우주선의 달 착륙도 있었고 우주 왕복선도 등장했다. 그러나 1980년대에 접어들어 컴퓨터가 새롭게 부상한 뒤로는 지금껏 정보 통신 기술이 대중 과학의 중심을 차지하고 있다. 물론 그 덕분에 우리나라의 정보 통신 인프라가 세계적 수준을 갖추긴 했으나, 이제는 다시금 우주에 눈을 돌려야 할 때다. 우주에서

할 수 있는 여러 산업적 가능성이라는 새로운 블루 오션은 우리나라처럼 상대적으로 고급 인력이 많은 나라가 경쟁력을 갖출 수 있는 분야이기 때문이다.

한 나라의 과학 기술은 대중 과학 문화라는 든든한 바탕이 있어야 강력한 모멘텀을 얻을 수 있다. 1970년대까지 '우주 소년'은 우리에게 친숙한 이미지였지만 지금의 청소년들에게 우주복을 입은 한국인의 모습은 낯설다. 우주를 배경으로 한 SF 영화 등 각종 관련 문화 콘텐츠들이 많이 나와서 '뉴스페이스 코리아'의 시대를 여는 데 결정적인 기여를 했으면 하는 기대가 크다.

6. 우주의 세 가지 종류

세계 SF 영화사상 걸작 10편을 꼽을 때마다 거의 빠지지 않는 작품 중에 <놀랍도록 줄어든 사나이The Incredible Shrinking Man>가 있다. 1957년에 미국에서 제작된 흑백 영화이며, 남성 주인공이 정체 불명의 방사능 먼지에 노출된 뒤 점점 몸이 줄어든다는 내용이다. 몇 달에 걸쳐서 천천히 작아지기 때문에 처음에는 '옷이 늘어났나?' 하는 정도로 대수롭지 않게 여기지만 결국엔 인형의 집에서 살게 되며, 마침내는 집 지하실에 갇혀 거미와 빵 부스러기를 놓고 사투를 벌이는 신세가 된다.

이 영화가 걸작으로 평가받는 이유 중 하나는 백인 남성 주인공의 사회적인 위상 하락을 SF적 상상력을 빌어 드라마틱하

1957년작 영화 <놀랍도록 줄어든 사나이> 포스터.
이 작품에서 방사능의 영향으로 점점 몸이 들어든 남자는 마지막 장면에서
밤하늘을 올려다보며 우주 앞에서 인간의 몸 크기는 별 의미가 없다는 것을
깨닫는다. 상대적인 관점이 얼마나 중요한가를 잘 보여 주는 수작이다.

게 묘사했기 때문이다. 사실 결말의 주제는 대우주 안에서 존재의 불멸성과 겸허함을 말하는 것이지만 남성 가부장 중심의 사회에서 남성성의 추락을 너무나 적나라하게 시각화했기에 그 함의가 시대를 초월해 평가받게 되었다. 물론 스토리텔링과 구성, 연출, 연기, 촬영 등 모든 면에서 나무랄 데 없는 한 편의 잘 만든 영화이기도 하다.

이 작품 이후로 비슷한 설정을 취한 영화들이 수십 년 동안에 걸쳐 계속 나왔다. 우리나라에도 잘 알려진 <애들이 줄었어요Honey, I Shrunk The Kids>가 대표적이며, 반대로 주인공의 몸이 커진다는 설정의 작품들도 있다. 한편 몸을 아주 작게 만들어 환자의 신체 속으로 들어가 치료를 한다는 이야기도 있는데, 1966년 작품 <바디 캡슐Fantastic Voyage>이 원조라 할 수 있고 1987년에 나온 <이너스페이스Innerspace>도 사실상 같은 설정인데, 미생물 사이즈로 축소된 인간들이 잠수정을 타고 인체 내부로 들어가 백혈구나 병원균들과 대결을 벌인다는 내용이다.

앞서 소개한 1987년 영화 제목 '이너스페이스'는 작품에서 신체 안쪽 세계라는 뜻이지만 원래는 물리적 차원을 넘어 인간의 사유와 관념 공간을 상징하는, 두뇌 속의 '안쪽 우주Inner Space'라는 형이상학적 의미도 있다. 반면에 이와 반대되는 개념으로 인간의 외부를 둘러싼 물리적 우주를 뜻하는 '바깥 우주Outer Space'라는 말 역시 성립된다. 인류 역사는 바로 이 두 가지의 우주를 배경으로 펼쳐진 문화의 기록이다.

20세기는 인류가 지구를 벗어남으로써 바깥 우주를 향한 탐험에 신기원을 이룩한 시대다. 인간이 직접 도달해서 발자국을 찍은 곳은 아직 달밖에 없지만, 보이저호 등 인간이 쏘아 올린 로봇 탐사선은 태양계를 벗어나 가없는 심우주로 계속 날아가고 있다. 그리고 20세기는 안쪽 우주도 바깥 우주도 아닌 또 하나의 새로운 우주가 본격적으로 등장한 시대이기도 하다.

제3의 우주라 할 수 있는 이 새로운 공간은 바로 '가상 우주 Cyber Space'다. 즉, 컴퓨터로 구현되는 가상 현실 또는 가상 공간을 말한다. 엄밀히 말하자면 이 가상 공간은 컴퓨터 이전에 이미 등장했다고 볼 수 있는데 전기 통신으로 이루어지는 사람들 간의 소통 공간, 즉 전화 통화를 할 때의 전선 속에 해당하는 공간이 컴퓨터 속 가상 공간의 원조라고 할 수 있다. 컴퓨터는 이 가상 공간을 시각화함으로써 인간이 새로운 우주에 접근하는 인터페이스를 획기적으로 확장시킨 것이다.

컴퓨터 기술의 발달로 가상 공간의 해상도가 날로 개선되면서 실제 현실과 구분하기 어려울 정도가 되자 이에 대응하는 SF들이 쏟아져 나왔다. 초창기에는 이런 스타일을 '사이버펑크cyberpunk'라고 불렀지만, 이제는 컴퓨터 가상 공간이란 개념이 일반화되고 문화의 기본 인프라나 다름없을 정도로 널리 보급되었기에 유행이 지난 말이 되었다. 가상 우주, 또는 가상 공간이 SF에서 수용된 가장 대표적인 예가 바로 영화 <매트릭스The Matrix>다. 이 장르는 한마디로 말해서 '우리가 살고 있는 이 세계가 실제 현실인가, 가상 우주인가?'라는 질문을 던진다. 일부

물리학자들이 말하는 '홀로그램 우주hologram universe'나 '시뮬레이션 우주simulation world' 역시 비슷한 맥락이라고 볼 수 있다.

맨 처음에 소개한 영화 <놀랍도록 줄어든 사나이>의 주인공은 지하실에 갇혀 필사적으로 생존을 이어 나가다가 몸이 더 작아진 어느 날 배수구 철망의 작은 틈 사이로 빠져나갈 수 있게 된다. 바깥으로 나간 그에게 정원은 거대한 초목들이 들어찬 밀림이나 다름없었다. 그러나 어느 순간 고개를 들어 밤하늘을 올려다보자 거기엔 그가 예전부터 보았던 별들이 변함없이 그대로 있었다. 이렇듯 주인공이 대우주 앞에서 인간의 몸 크기는 별 의미가 없다는 깨달음을 얻는 장면으로 영화는 끝난다. 작품 안에서 인간의 몸 크기란 바로 온갖 세속적인 잣대들의 상징이 아니었을까? 이러한 시공간적 시야의 확장이야말로 SF와 과학이 선사하는 최고의 미덕이다.

다만 우리가 바라보는 우주는 그리 낭만적인 장소만은 아니다. 어쩌면 우주는 약육강식의 법칙이 존재하는 숲과 비슷한지도 모른다. 이와 관련해서 '페르미 역설Fermi paradox'이라는 이론이 있다. 이 넓은 우주에 무수히 많은 천체를 감안하면 분명 우리 말고도 고도의 문명을 이룬 외계 존재들이 있을 텐데, 왜 보이지 않느냐는 것이 바로 페르미 역설이다.

페르미Enrico Fermi는 노벨 물리학상을 받은 이탈리아 출신의 세계적인 물리학자다. 그가 1950년에 내놓은 이 역설에 이제껏 숱하게 많은 사람이 저마다의 답을 내놓았다. 발달한 문명은 우리뿐이라는 주장부터 이미 외계인은 우리 존재를 알고 있지만 자신들을 숨기고 있다는 이론, 혹은 외계 문명이 많이 있어도 서로 너무 멀리 떨어져 있어 만날 수가 없다는 해석도 있다.

이와 관련해서 2018년에 세상을 떠난 세계적인 물리학자 스티븐 호킹Stephen Hawking은 우리 인류가 먼저 외계 문명을 찾아나서는 것은 위험하다고 말한 바 있다. 외계인이 선량하다는 확신을 할 수가 없기 때문이다. 만약 그들이 우리보다 뛰어난 문명을 지니고 있다면, 과거 인류의 역사에서 그랬듯이 강한 문명이 약한 문명을 정복하려 할 것이라는 게 호킹의 믿음이었다.

SF에서는 호전적이고 약탈적인 성향을 지닌 외계 문명이 드물지 않다. 대표적인 것이 롤랜드 에머리히Roland Emmerich 감독의 1996년 영화 <인디펜던스 데이Independence Day>다. 이 작품에는 우주를 떠돌며 자원이 풍부한 행성마다 습격하여 정복한 뒤 철저하게 약탈하고 나서 또 다른 사냥감을 찾아 나서는 외계인들이 등장한다. 그런가 하면 톰 크루즈Tom Cruise가 주연했던 영화 <오블리비언Oblivion> 역시 비슷한 외계인들이 악역을 맡고 있다. 이들은 인류를 대부분 말살시켰고 일부 세뇌된 복제인간들을 수족처럼 부리면서 지구의 천연 자원들을 뽑아내고 있다. <인디펜던스 데이>의 외계인 침공 시나리오보다는 <오블리비언>의 외계인들 방법이 좀 더 세련되어 보이는데, 왜냐하면 인류보다 월등하게 뛰어난 문명을 지닌 존재들이 인간들과 재래식 무기로 전투하듯이 대결을 벌인다는 설정은 설득력이 약해 보이기 때문이다.

만약에 외계 문명이 실제로 많이 존재하며 그들끼리는 이미 교류도 하고 있다면 어떨까? <스타 워즈>처럼 은하 연방이나 제국을 건설했을까? 그러나 이런 상상은 무대만 우주로 옮겨 놓았을 뿐 순전히 인간중심주의적인 사고방식일 뿐이다. 오히려 지구상에서 인간들과는 별개의 세계를 이루고 사는 고래나 개미들처럼 서로 완전히 다른 생태에 맞게 각자의 영역만을 고수할 가능성이 높다.

하지만 우주에서 초고도의 지적 존재는 결국 우주의 물리적 한계나 자연 법칙에 대한 호기심을 억누르지 못할 것이다. 우리가 속한 대우주는 엔트로피가 점점 증가하고 있는데, 쉽게 말해서 계속 식어 간다는 뜻이다. 그 마지막을 우주의 열적熱的 종말이라고 하며 빅뱅으로 시작한 우주는 결국 그렇게 최후를 맞으리라는 게 물리학의 입장이다. 결국 이런 운명을 거스르려는 지적 존재는 당연히 우주의 에너지를 끌어 모아 우주 법칙을 돌파하려는 새로운 시도를 할 것이며, 그러한 궁극의 지적 수준에 도달한 존재들이 많을수록 한정된 우주의 질량 에너지를 두고 서로 견제나 경쟁도 치열할 것이다.

이와 관련해서 중국의 세계적인 SF 작가 류츠신은 대표작인『삼체』3부작을 통해서 '암흑의 숲'이라는 이론을 제시한다. 우주는 지적 문명들이 자신의 존재를 철저히 숨긴 채 자기보다 열등한 문명이 발견되는 즉시 제거하곤 하는 어둠의 숲이라는 것이다. 비록 열등한 문명이라도 전파를 우주에 쏘아 보낼 정도로 발전했다면 곧 자신들의 과학 기술을 따라잡으리라 보고 미연에 싹을 잘라 버린다. 그 방법으로 『삼체』 3부에서는 광속으로 움직이는 물질을 태양에 맞추어 그 질량 에너지로 터트려 버리거나 행성들이 포함된 우주 공간의 넓은 영역을 통째로 2차원 세계로 가라앉혀 버리는 등 상식을 뛰어넘는 하드 SF적 상상력이 구사되어 있다.

인간의 윤리라는 것도 냉정하게 말하자면 사회적 생존 전략의 발로일 것이다. 개체 및 집단 간의 미래를 보장하기 위한 신사협정이 철학 체계로 발전한 셈인데, 과연 그것이 외계의 지적 존재들에게도 그대로 적용될 수 있을까? 일정 수준 이상의 문명을 이룩한 존재라면 마땅히 그에 걸맞은 윤리관도 지니고 있으리라 기대해도 될까?

이런 우려에 대해 한 가지 위안이 될 만한 이론이 있다. 스스로 파멸할 수 있을 만큼 뛰어난 과학 기술을 이룬 문명이라면 반드시 자멸의 위기를 겪게 되는데, 그 위기를 무사히 넘기는 문명이라면 호전적이지는 않으리라 보는 것이다. 사실 이건 우리 인류에게도 해당하는 것이다. 우리는 전면 핵전쟁을 통해 자멸할 수도 있는 위기의 시대를 지나왔다. 20세기 냉전 시대에 미국과 옛 소련은 상호 확증 파괴라는 무시무시한 전략으로 대치하기도 했다. 상대방이 핵미사일을 발사하면 비록 우리가 살아남지 못해도 역시 똑같은 공격을 계획한 것이다. 물론 그 결과는 아무도 살아남지 못하는 공멸이다. 21세기에 들어선 지금은 그러한 위기가 일단 지나갔다고 보지만, 과연 앞으로도 계속 그러할지는 역사가 판단할 것이다.

7. 블랙홀과 나비 효과,
그리고 평행 우주

    1977년에 <스타 워즈>가 개봉하여 세계 영화 흥행사를 다시 쓸 정도로 대성공을 거두자, 디즈니에서는 블록버스터 SF 영화의 가능성에 주목하게 된다. 그래서 <스타 워즈>와 비슷하게 로봇과 인간 캐릭터들이 우주를 배경으로 활약하는 대작 SF 영화를 기획하게 되었다. 회사 역사상 최대 규모의 예산을 투입할 만큼 기대를 걸고 제작한 이 영화는 그러나 오늘날 디즈니의 흑역사로 남아 있다. 어느 정도냐면 우리나라에서는 개봉도 하지 않았을뿐더러 SF 팬들조차 대부분 이 영화의 존재를 모른다. 1979년에 발표된 이 영화의 제목은 <블랙홀The Black Hole>이었다.

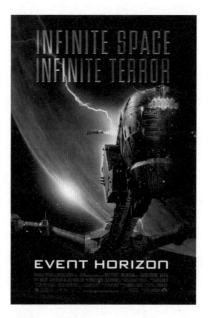

1997년에 개봉한 SF호러 영화 <이벤트 호라이즌>의 포스터.
당시 영화를 개봉하면서 '무한의 우주-무한의 공포Infinite space - infinite terror'라고
홍보했던 이 작품에는 일종의 블랙홀 발생 장치를 초공간 도약용 엔진으로
이용한다는 설정이 나온다.

천문학에서 블랙홀은 중력이 너무나 강력해서 빛까지도 흡수하는 천체를 말한다. 따라서 외부에서 블랙홀을 관찰하면 아무것도 없는 검은 구멍처럼 보인다. 아인슈타인의 상대성 이론에 따르면 중력이 강하면 강할수록 시간은 점점 느려진다. 그리고 블랙홀에 도달하는 순간 시간은 사실상 멈춘다. 바로 이 경계를 '사건의 지평선', 또는 영어로 'Event Horizon'이라고 부른다. 이 안쪽, 즉 블랙홀 내부는 우리가 아는 물리학의 법칙들

이 그대로 적용되는지 여부조차 아직 밝혀진 바가 없다.

이 블랙홀과 연관된 SF 영화가 <이벤트 호라이즌Event Horizon>이다. 이 영화는 특히 SF 팬들에게 컬트 SF 호러 영화로 명성을 얻고 있다. 1997년에 발표된 이 작품은 일종의 블랙홀 발생 장치를 초공간 도약용 엔진으로 쓴다는 설정이 나오는데, 그렇게 건조된 우주선이 실종되었다가 다시 나타나는 것에서 이야기가 펼쳐진다. 이 영화에는 <인터스텔라>보다도 앞서서 초광속 장거리 우주여행에 대한 물리학적 원리를 설명하는 등 과학적으로 주목할 만한 내용들이 나오지만 기본적으로는 인간의 광기를 SF 형식으로 표현한 공포 영화다.

과학적으로 볼 때 블랙홀 부근에 있는 행성은 그 엄청난 중력 때문에 지구보다 시간이 느리게 간다. 아인슈타인의 상대성 이론에 따른 효과 때문이다. 그래서 <인터스텔라>의 주인공들이 블랙홀 부근의 행성에 다녀오는 불과 몇 시간 사이에, 바깥쪽에 남아 있던 우주선 모선의 동료는 무려 23년이 넘는 시간을 홀로 보내고 말았다. 먼 미래에는 이와 비슷한 상황을 우리가 실제로 겪게 될지도 모른다.

2009년에 나온 영화 <스타 트렉: 더 비기닝>에서는 인공 블랙홀이 등장한다. 여기서는 '붉은 물질'이라는 가상의 물질이 등장하는데 천체의 핵 등과 반응하면 블랙홀이 생성되는 것으로 설정해 놓았다. 흥미로운 것은 이 '붉은 물질'이라는 것이 실제로 천체물리학에서 말하는 '암흑 물질'을 연상시킨다는 것이다. 현재까지 연구된 바에 따르면 이 우주에 존재하는 모든 질량의 27퍼센트는 암흑 물질, 그리고 68퍼센트는 '암흑 에너지'라고 한다. 이 둘을 뺀 나머지 5퍼센트가 우리가 직접 관측하는 우주의 모습들이다. 즉, 숱하게 많은 별들이며 은하, 성간 가스 등은 다 합쳐 봐야 우주의 5퍼센트밖에 되지 않는다.

이 두 가지에 '암흑'이 붙은 이유는 빛은 물론이고 인류가 동원할 수 있는 그 어떤 방법으로도 직접적인 실체가 관측되지 않기 때문이다. 그럼에도 관측 가능한 여러 별이나 은하들의 운동을 통해 이들이 분명히 존재하는 것만큼은 과학적 사실로 받아들여지고 있다. 다만 그 구체적인 정체를 알 수 없기 때문에 그냥 '암흑'이라는 접두어가 붙어 있는 것이다.

블랙홀이 등장하는 가장 유명한 SF는 물론 영화 <인터스텔라>다. SF 영화사상 블랙홀을 비롯한 천체물리학 이론들을 가장 잘 반영한 작품으로 이름이 높다. 이 영화에 과학 자문을 한 물리학자 킵 손Kip Thorne은 중력파 존재 실험에 기여한 공로로 2017년에 노벨 물리학상을 공동 수상했다. 또한 그에 못지않게 검증되지 않은 SF적 상상력을 과감하게 묘사한 것으로도 유명한데, 이를테면 주인공이 블랙홀 내부로 빨려 들어간 뒤 숱하게 많은 과거의 평행 우주들을 접하는 광경 등은 SF 영화사상 손꼽힐 시각적 명장면이다.

평행 우주와 관련해서 한 가지 재미있는 것은 이 이론이 나비 효과와 연관될 수 있다는 점이다. 흔히 카오스 이론은 잘 몰라도 '나비 효과'라면 대부분 고개를 끄덕일 것이다. '나비의 작은 날갯짓이 지구 반대편에 폭풍을 불러올 수도 있다'로 요

나사NASA에서 공개한 블랙홀 상상도.
블랙홀은 중력이 너무 강력해 빛까지도 흡수하기 때문에 외부에서 관찰하면
아무것도 없는 검은 구멍처럼 보인다. 아인슈타인의 상대성 이론에 따르면 중력이
강할수록 시간은 점점 느려지고, 어느 순간 사실상 멈추게 된다. 이처럼 시간을
멈추는 경계를 '사건의 지평선' 또는 '이벤트 호라이즌'이라 부른다.

약되는 이 이론에는 연쇄 반응의 처음과 끝이 그 규모에서 엄청난 차이를 보일 수 있다는 함의를 지닌다. 또한 완전히 독립적인 것으로 보이는 두 사건이 사실은 하나의 인과율로 묶여 있다는 내용이기도 하다. 이런 현상을 수학적으로 규명하는 작업은 1960년대 이후 컴퓨터를 이용하면서 본격적으로 시도되었지만, SF에서는 그 이전부터 비슷한 설정을 많이 묘사해 왔다.

나비 효과를 다룬 유명한 이야기로 레이 브래드버리Ray Bradbury의 단편소설 「천둥소리A Sound of Thunder」가 잘 알려져 있다. 소설에서는 미래 시대에 관광객이 타임머신을 타고 중생대로 가서 공룡을 사냥하는 프로그램에 참가한다. 어차피 곧 죽을 운명인 공룡들만 골라서 미리 표적으로 표시해 놓고, 관광객이 지나다니는 길도 엄격하게 통제한다. 미래의 역사를 교란시키지 않도록 방지하려는 것이다. 그런데 관광객 중 한 명이 공룡에 놀라서 정해진 길에서 벗어났다가 나비 한 마리를 밟아 죽이고 만다. 그리고 다시 돌아온 원래 시대에서 대통령은 독재적인 인물로 바뀌어 있고, 심지어 사람들이 쓰는 언어마저 변질되어 있다.

이 작품의 흥미로운 점들 중 하나는 작중에 묘사된 독재자가 실은 히틀러를 암시하고 있다는 사실이다. 서양 현대사에서 히틀러와 나치 독일의 트라우마는 생각보다 짙게 드리워져 있다. 그래서 이와 비슷한 맥락의 작품들이 여럿 나왔다. 예를 들어 내트 샤크너의 단편 「선조의 목소리」에서는 과거로 간 시간여행자가 격투를 벌이다가 어떤 사나이를 죽이게 되는데, 그가 히틀러의 먼 선조였기 때문에 결국 히틀러가 아예 태어나지 않는 다른 역사로 바뀐다는 설정이 나온다. 이 작품은 독일에서 히틀러가 집권한 뒤 한창 세력을 넓히는 모습을 세계 각국이 불안한 시선으로 바라보던 시기에 나온 것이다. 당시에는 통속적인 오락물로서만 취급되던 SF를 진지한 시선으로 다시 보게 만드는 계기가 되기도 했다.

이처럼 '나비 효과'라는 말이 나오기 한참 전부터 문학에서는 이런 현상의 이치를 잘 알고 있었고 문학적 수사의 기법으로 이용해 왔다. 사소한 미시사적 사건의 결과가 나중에 여러 사람의 운명을, 때로는 역사의 거대한 흐름을 송두리째 바꾼다는 사실은 수학이나 과학 이전에 인류가 경험으로 진작부터 깨달은 진리였다. 성경의 「욥기」에 나오는 "네 시작은 미약하였으나 네 나중은 창대하리라"라는 구절도 그런 점의 한 반영이라 해석할 수도 있을 것이다.

한편 SF에서 나비 효과 이론은 새로운 차원의 논의와도 직접적으로 연결된다. 바로 양자역학적 다원 우주론과 밀접한 관계가 있는 것이다. 나비 효과가 잘 묘사된 영화로는 <나비효과 The Butterfly Effect>나 <프리퀀시Frequency>, <롤라 런Lola Rennt>, <슬라이딩 도어즈 Sliding Doors> 등이 있는데, 모두 주인공의 순간의 선택이 이후에 전혀 다른 결과를 초래한다는 설정을 담고 있다. 이들의 공통점은 모두 '평행 우주'의 개념을 얘기하고 있다는 것이다. 매 순간 각기 다른 선택에 따라 수없이 많은 평행 우주가 파생된다는 이론은 양자역학의 '다세계 해석'과 상통한다.

양자역학에 의하면 세계는 관찰자가 관측하는 순간 결정된다고 하며, 그 결정된 한 가지 결과를 제외한 나머지 세계의 가능성은 관측 순간 사라진다. 이것이 이른바 '코펜하겐 해석'으로 알려진 전통적인 이론이다. 즉, '슈뢰딩거의 고양이'가 상자 속에 살아 있는지 죽어 있는지는 상자를 열어 보는 순간 한 가지 결과로만 결정되며, 다른 가능성들은 없어진다는 것이다. 그런데 코펜하겐 해석과는 달리, 여러 가지 가능성의 세계가 모두 존재할 수 있다는 다세계 해석이 요즘 물리학자들 사이에서 점점 지지도를 높여 가고 있다.

다세계 해석에 따르면 이 우주는 수없이 많은 가능성들이 동시에 존재하는 다원 우주이며, 매순간 새로운 세계가 계속해서 분기해 생겨나고 있다고 본다. 증명하기는 어렵지만 SF에서는 대단히 매력적인 논거가 될 수 있는 내용이다. 그래서 나비 효과가 등장하는 SF는 거의 필연적으로 양자역학적 다원 우주론을 채택하고 있다.

한편 이러한 작품들이 대부분 다세계 해석에 따른 줄거리를 취하는 것과 달리, 때로는 그렉 이건Greg Egan의 장편『쿼런틴 Quarantine』처럼 코펜하겐 해석에 의거한 이야기 구성도 나온다. 이 소설에서는 세계의 모습이 한 가지 결과로만 고착되기 때문에, 그것과는 다른 세계의 가능성을 살리기 위해 태양계보다도 더 큰 천문학적 규모로 모종의 작업이 이루어진다는 설정이 등장한다.

카오스 이론은 복잡계라거나 카타스트로피 이론 등과 함께 SF에서 많이 도입하는 수리과학 영역 중 하나이다. 그러나 이런 이론들에 대한 수학적 이해가 없어도 스토리를 구상하고 즐기는 데에는 별 문제가 없다. 이론이란 어디까지나 상상력에 사후적으로 설득력을 부여하려는 시도일 뿐이다.

II

외계인에 얽힌
엉뚱하고 흥미로운
미래 보고서

1. 인간의 상상을 초월하는 외계 생명체

지금도 기억이 생생하다. 2010년 말, 미항공우주국에서 조만간 '중대 발표'를 하겠다는 예고를 내놓았다. 발표 그 자체도 아니고 중대한 발표를 하겠다는 예고를 먼저 내놓다니 뭔가 전 세계인들로 하여금 미리 마음의 준비를 하라는 느낌이었다. 그와 함께 '외계 생명체와 관련된 것이다'라는 소문이 순식간에 퍼져 나갔다. 드디어 외계인의 신호라도 포착한 것인가? 단 며칠간이었지만 진심으로 흥분했었다.

마침내 2010년 12월 2일, '중대 발표'가 나왔다. 우주 저편 머나먼 곳이 아닌 미국 캘리포니아의 한 호수가 배경이었다. 모노 호수에서 신종 박테리아가 발견되었다는 것이다. '나사NASA

에 낚였다'는 실망스러운 반응이 일어나면서 얼마 지나지 않아 그 일은 일반인들에게 곧 잊히고 말았다.

하지만 당시 나사의 발표는 생물학 교과서를 다시 써야 할 정도로 획기적이고 중요한 내용인 것이 사실이다. 그때 보고된 신종 박테리아가 비소(원소 기호 As)를 이용해 DNA를 만든다고 알려졌기 때문이다. 이제껏 지구상의 어떤 생물도 비소를 이용해 DNA 활동을 하는 예는 없었다.

지구형 생물들에게는 여섯 가지 원소가 필요하다. 원소 기호로 C, H, O, N, P, S. 즉 탄소, 수소, 산소, 질소, 인, 황이다. 인간 같은 고등동물은 물론이고 세균처럼 하등한 미생물에 이르기까지 지구에 서식하는 생물이라면 예외가 없다. 그런데 모노호수에서 발견된 박테리아는 인 대신에 비소로 DNA를 만드는 것이 관찰되었다. 원래 비소는 옛날에 사약을 내릴 때 집어넣을 정도로 독성이 강하다고 알려진 물질이다.

그런데 이런 물질을 생명 활동의 기본 원소로 쓰는 생물이 발견되었다는 것은, 이제껏 우리가 생각했던 생물의 개념을 수정해야 한다는 의미다. 이를테면 화성에서 생명체를 찾을 때 비소와 관련된 흔적은 없는지도 조사해야 하는 것이다.

그러나 당시의 발표는 다양한 반박 논문들이 나오면서 아직까지도 학계의 검증 과정을 통과하지 못한 상태이다. 비소가 단지 체내에 농축되어 있을 뿐 생명 활동에 쓰인 것은 아니다, 같은 조건으로 실험을 해도 동일한 결과가 나오지 않는다 등의 반론이 많다. 그럼에도 처음 이 '비소 박테리아'를 보고한 과학자는 자신의 이론을 소신 있게 고수하고 있다.

사실 이 일을 통해 우리가 성찰해 봐야 할 지점은 따로 있다. 바로 '외계 생명체'의 개념을 너무 좁게만 생각해 오지는 않았나 하는 것이다. 엄밀한 증거에 입각한 이론 전개를 우선시할 수밖에 없는 과학자의 입장도 이해가 가지만, 지구 밖의 외계 생명체에 관한 한 과학의 영역을 넘어선 SF적 상상력이 필요하다.

영화로 두 번이나 만들어진 『솔라리스Solaris』는 폴란드의 작가 스타니스와프 렘Stanisław Lem이 쓴 현대 SF의 고전이다. 소설에서 솔라리스라는 외계 행성에 파견된 탐사대원들은 하나같이 미쳐 버리기 직전까지 몰린다. 도저히 상상할 수도 이해할 수도 없는 불가사의한 일들을 겪으면서 정신적으로 감당할 수 없게 된 것이다. 차라리 무시무시한 외계 괴물이 나왔다면 마음의 준비를 했겠지만 그런 것도 없었다. 그럼에도 탐사대원들은 외계인의 존재를 막연하게나마 느낀다. 결국 내려진 결론은 솔라리스에 있는 바다가 하나의 거대한 생명체가 아닌가 하는 것이다. 이 바다가 외계에서 온 생명체, 즉 지구인들의 정신을 하나하나 들여다보고는 개별적으로 맞춤형 반응을 보인 것이 극심한 충격으로 다가왔던 셈이다.

『솔라리스』는 외계 생명체에 대한 상상의 지평을 새롭게 열기도 했지만, 더 근본적인 화두를 제시한 작품으로 명성이 높다. 바로 '우주는 인간의 이해를 넘어선다'는 인식론적 명제다. 이 작품이 내놓은 '인간은 우주를 온전히 이해할 수 없다'는 생

SF의 고전이라 불리는『솔라리스』를 집필한 스타니스와프 렘(1966년).
『솔라리스』에서는 우리의 상상을 뛰어넘는 외계 생명체가 등장한다.

각은 인간중심주의에 대한 성찰을 불러일으키며 그 뒤의 문학과 예술 철학에 엄청난 영향을 끼쳤다.

세계적인 천체물리학자였던 프레드 호일Fred Hoyle은 SF 작가로서도 유명했는데, 1957년에 발표한 『검은 구름*The Black Cloud*』에 흥미로운 외계 생명체를 등장시켰다. 소설을 보면 태양계 바깥에서 거대한 가스 형체가 접근해 온다. 그런데 가스의 밀도와 질량 등 관측된 물리적 수치에 따라 예측한 이동 궤적이 계속 빗나가자 결국 '어떤 의지를 지닌 지적 생명체'라는 결론이 내려진다. 한편 가스 생명체 역시 인류와 소통을 하게 되면서 놀라움을 표시한다. 지구처럼 딱딱한 표면을 지닌 천체에서 어떻게 지적인 생명체가 생겨날 수 있느냐는 것이다.

이 소설은 고체 표면을 지닌 지구형 행성인 화성이나 금성 등이 아니라 두꺼운 가스로 덮인 목성형 행성인 토성, 천왕성, 해왕성, 혹은 태양 같은 항성에서도 생명체가 생겨날 수 있지 않을까 하는 과감한 상상을 전제로 놓고 있다. 그런 환경에서 사는 생명체라면, '지구 생명체에 필수인 6가지 원소'라는 개념이 적용될 리 없다.

2. 우리는 이미 외계어를
알고 있다

한 우주선 안에서 탐사대원들이 외계 괴물과 대치 중이다. 괴물은 육체적으로는 물론이고 지적으로도 지구인보다 월등히 뛰어나다. 인간이 보기에는 초능력이라고 할 수 밖에 없는 신출 귀몰한 모습도 이미 보여 준 뒤다. 금속제 벽을 스르륵 뚫고 지나간 것이다. 이때 지구인 한 명이 앞으로 나서더니 외계 괴물에게 종이쪽지를 건넨다. 그걸 받아 본 괴물은 크게 동요한다.

캐나다 작가인 앨프리드 밴 복트Alfred Elton van Vogt의 SF 소설 『우주선 비글호의 항해The Voyage of the Space Beagle』에 나오는 장면이다. 그 지구인은 과연 종이에다 뭘 써서 보여 준 걸까? 어쨌든 그 인물은 경솔한 행동 탓에 괴물에게 붙잡혀 가고 만다.

캐나다 작가 앨프리드 밴 복트의 SF 소설 『우주선 비글호의 항해』 표지

지금 당장 외계 문명과 접촉하더라도 그들이 최소한 우리와 같은 수준의 과학 기술을 지녔다면 의사소통을 시작하는데 큰 어려움은 없을 것이다. 설령 조금 뒤떨어진, 그러니까 우리의 20세기 정도의 수준이라고 해도 마찬가지다. 그들과 우리는 우주의 물리적 속성을 파악하는 방법과 내용에 있어서 이미 공통점을 지녔을 것이기 때문이다.

인류는 뉴턴의 운동 법칙과 아인슈타인의 상대성 이론이 이 우주에서 일반적으로 적용되는 원리임을 알아냈다. 비록 그 원리를 조작하거나 거스르는 방법은 모르고, 과연 가능하기는 한지조차도 파악이 안 되지만, 적어도 그런 원리에 따라 천체들의 움직임을 예측하거나 우주선을 쏘아 올려 태양계 안의 목적지에 보내거나 하는 데에는 성공했다. 물론 외계인들은 이 원리에 뉴턴이나 아인슈타인이 아니라 그들의 위대한 과학자 이름을 붙였을 것이다.

그리고 또 한 분야, 이 우주의 화학적 속성에 대해서도 우리는 상당히 알아냈다. 아무리 까마득히 먼 우주 저편일지라도 지구에 있는 것과 똑같은 원소들이 존재한다는 것을 우리는 이미 알고 있다. 우주 공간에는 수소가 아주 풍부하다는 것, 그리고 그것이 태양보다도 훨씬 크게 뭉쳤다가 대폭발을 일으키면서 그 과정에서 더 복잡한 원소들이 생겨났다는 것도 안다. 외계인들의 과학 수준이 우리만큼 된다면, 그들의 신체를 이루는 화학 원소들이 어디서 기원했는지도 알 것이다. 칼 세이건의 명저 『코스모스Cosmos』에 나오는 "별의 재가 의식을 지녔다"는 말을 참조하자.

처음에 소개한, 외계 괴물을 당황하게 만들었던 종이쪽지에는 어떤 합금의 원자 구조가 그려져 있었다. 괴물이 뚫고 지나가지 못한 특수 합금이 있었는데, 바로 그걸 이용해서 제압하겠다는 의사 표현을 한 것이다. 이처럼 우주에 존재하는 물질들의 구조는 상당한 수준의 과학 지식을 지녔다면 어떤 외계인이라도 알아볼 수 있는 우주 공통 언어가 될 수 있다. 예를 들어 산소 원자 1개에 수소 원자 2개가 서로 104.5도쯤의 각도를 이루며 붙어 있는 모습이라면 외계인들도 이것이 물이라는 것을 이내 알아차릴 것이다.

한편 물질의 원자 구조와는 다른 또 하나의 우주 언어가 있다. 바로 수학이다. 1997년에 나온 영화 <콘택트>에는 외계인이 보낸 신호를 포착하는 장면이 나온다. 영화에서는 전파망원경이 수신한 외계 전파가 소수prime number와 일치하는 횟수만큼 순서대로 삑삑거리는 신호음을 반복한다. 소수란 1과 그 자신만으로 나누어지는 수로 2, 3, 5, 7, 11, 13……의 순서로 나타난다. 현재까지 밝혀진 바로는 이러한 소수가 우주에서 자연 발생적으로 나타나는 경우는 없다. 즉, 이 숫자들을 발신하는 존재는 분명히 지적인 존재라는 것이다.

유념할 것은 외계인들이 아라비아 숫자나 로마 숫자를 알 리가 없는 건 물론이고 우리처럼 주로 10진법을 쓴다는 보장도 없다는 점이다. 따라서 외계인과 수학을 통해 의사소통을 하려면 먼저 상형문자나 다름없는 가장 간단하고 직관적인 방식을

1997년 영화 <콘택트> 포스터.
영화에서는 전파망원경에서 수신한 외계 전파가 소수와 일치하는 횟수만큼
순서대로 신호음을 반복하는 장면이 나온다. 이를 이용해 영화에서는 외계인이
보낸 신호에 숨은 일종의 우주선 설계도까지 찾아낸다.

통해 기본 규칙을 공유해야 한다. 이 부분은 일종의 수식이나 논리식을 통해 기본 기호들을 정의하고 그걸 약속으로 공유해 가는 과정일 것이다. 그런 기본 기호들을 먼저 공유해야 그걸 바탕으로 더 복잡한 내용들을 해독할 수 있다. 영화 <콘택트>에서는 이러한 일련의 과정들이 잘 묘사되며, 그걸 통해서 외계인들이 보낸 신호에 숨어 있는 일종의 우주선 설계도를 찾아낸 다음 직접 만들기까지 한다.

여기까지 생각해 보면 지적인 외계인을 만나도 말이 통하는 건 생각보다 어렵지 않을 것 같지만, 과연 그럴까? 사실 우주에 존재하는 외계 문명이 지구 인류와 엇비슷한 수준의 과학 기술을 지녔을 가능성은 별로 없다고 봐야 할 것이다. 문명의 격차가 너무 크게 벌어지면 열등한 쪽이 우월한 쪽의 의도나 생각을 이해하기는 고사하고 짐작이라도 하기 쉽지 않을 것이다. 딱정벌레beetle가 폭스바겐 비틀 자동차와 마주치면 자기와 비슷하게 생겼다고 친근감을 느낄지는 모르지만, 과연 그것이 무엇인지 이해할 수 있을까? 딱정벌레를 교육시켜 비틀 자동차를 만들게 할 수 있을까?

그래서 우주에 존재할지도 모르는 고등 문명의 수준을 몇 단계로 나누어 상상해 본 척도가 있다. 많은 SF들에 등장하는, 지구 인류보다 훨씬 뛰어난 다양한 외계 고등 문명들은 모두 이 척도의 어딘가에 해당한다. 다음 장에서 이것에 대해 좀 더 자세히 알아보자.

3. 인류는
몇 등급 우주 문명일까

일반인들은 잘 모르는 천문 현상 중에 '감마선 폭발'이라
는 것이 있다. 약자로 'GRB Gamma Ray Burst'라 부르는 이 현상은
블랙홀 못지않게 우주의 가장 큰 수수께끼 중 하나이다. 1초도
안 되는 찰나의 순간에 태양이 평생 동안 방출하는 것보다 더
많은 에너지가 뿜어져 나온다면 믿어지는가?

그러나 감마선 폭발은 실제로 존재하는 현상이다. 뿐만 아
니라 하루에 한 번 꼴로 관측되는, 우주에서 아주 흔하게 일어
나는 일이다. 10밀리초에서 수 시간까지 지속 시간이 다양한데,
10밀리초면 100분의 1초다. 눈 깜박할 새보다도 훨씬 짧다. 그
사이에 태양이 평생 방출하는 것보다 많은 에너지가 발생한다?

SF에 등장한다면 피식 웃으면서 책을 덮어 버릴 정도로 말이 안 되는 설정일 것이다.

감마선 폭발은 대개 지구에서 수십억 광년 떨어진 곳에서 발생한다. 그 까마득한 거리를 넘어서 관측된다는 사실 자체가 이미 무시무시한 에너지 폭발이라는 증거이다. 만약 지구에서 가까운 곳이라고 해도 우리 은하계 내부, 즉 수천 광년 이내에서 일어난다면 인류를 포함한 지구 생물이 멸종할 수도 있다고 한다. 실제로 지구 생물의 역사에서 나타난 몇 번의 대멸종 사건이 감마선 폭발 때문이었을 것이라는 의견도 있다.

『2001 스페이스 오디세이』 등을 쓴 위대한 SF 작가였던 아서 클라크는 생전에 흥미로운 말을 했다. 감마선 폭발이 우주 전쟁, 혹은 산업 재해일지도 모른다는 것이다. 다시 말해서 어떤 지적인 외계 존재가 일부러 일으키는 사건일 수도 있다는 얘기인데, 과연 가능할까? 그렇게 어마어마한 에너지를 다룰 수 있을 정도로 초월적인 문명을 지닌 외계인이 정말 있을까?

오늘날 감마선 폭발의 원인은 초신성의 탄생(수명이 끝난 거대 항성의 자체 붕괴 폭발)이나 중성자성의 충돌 등으로 추측되고 있지만, 정확한 실체는 여전히 오리무중이다. 물론 외계인이 저지르는 짓이라는 생각에 천체 물리학계가 진지하게 관심을 기울이지는 않는다. 그런데 그런 상상력을 바탕으로 우주 문명의 단계별 척도를 제시한 몇몇 과학자들이 있다.

러시아의 천문학자 카르다쇼프Nikolai Kardashev는 우주 문명의 과학 기술적 발전 정도를 '얼마나 많은 에너지를 사용하는

가'에 따라 3단계로 구분했다. 이것이 '카르다쇼프 척도Kardashev scale'로 알려진 유명한 구분법인데 다음과 같다.

1단계 - 행성급 문명

행성에 도달하는 항성 에너지를 100퍼센트 이용한다. 인류는 지구에 도달하는 태양 에너지를 몇 퍼센트나 쓰는가로 평가할 수 있는데, 현재는 약 0.7단계 수준이다.

2단계 - 항성급 문명

하나의 항성에서 나오는 에너지를 100퍼센트 이용한다. 인류의 경우 태양이 낼 수 있는 모든 에너지를 쓸 수 있어야 하는데, 이 수준에 도달하려면 앞으로 몇 천 년 이상이 걸릴지 알 수 없고, 어쩌면 그전에 멸망할 수도 있다. <스타 워즈>나 <스타 트렉>에 등장하는 우주 문명들은 1단계와 2단계 사이 정도이다.

3단계 - 은하급 문명

안드로메다나 우리 은하처럼 백억 개 단위의 항성이 모여 있는 하나의 은하 전체를 에너지원으로 쓰는 문명이다. 감마선 폭발을 일으키는 외계 문명이 있다면, 그들이 바로 3단계 수준일 것이다.

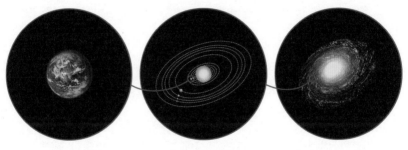

Type I: 10^{16} W   *Type II:* 10^{26} W   *Type III:* 10^{36} W

I 유형 - 문명이 하나의 행성에 내리쬐는 에너지를 100퍼센트 이용하는 유형으로,
대략 10^{16} 혹은 10^{17}와트이다. 실제의 숫자는 일정치가 않다. 지구는 태양으로부터
약 1.74×10^{17}W (174페타와트)정도의 에너지를 받는다고 추산된다. 카르다쇼프
척도의 원본 I 유형의 정의는 4×10^{12}W이다.

II 유형 - 문명이 하나의 항성에서 나오는 에너지를 100퍼센트 이용하는 유형으로 약
4×10^{26}W 정도이다.

III 유형 - 문명이 은하에서 나오는 에너지를 100퍼센트 이용하는 유형으로, 대략
4×10^{37}W 정도이다. 이 수치는 극단적으로 일정하지 않으며, 은하는 너무 크기가
거대하기에, 대략적으로 은하에서 뽑아낼 수 있는 에너지로 통계를 낸다.

　　　물론 위의 단계는 어디까지나 거시 물리적인 차원에서 접
근한 것이다. 정신문화라든가 그 밖에 다른 분야의 능력으로 우
주 문명의 발전 정도를 가를 수도 있을 것이다. 예를 들어『코스
모스』를 쓴 세계적인 천문학자 칼 세이건은 정보의 총량을 기
준으로 문명의 단계를 나누어 본 적이 있고, 이론물리학자 존
배로John Barrow는 얼마나 작은 세계를 다룰 수 있느냐로 나누기
도 했다. 즉, 분자나 원자, 쿼크처럼 아주 작은 소립자들을 마음
대로 조작할 수 있다면 사실상 우주의 모든 물질을 자유자재로

재조립할 수 있기 때문에 엄청난 능력을 지닌 문명일 것이다.

이러한 얘기들은 순수한 상상의 영역이라서 현재 적용할 수 있는 대상은 SF에 등장하는 우주 문명들뿐이다. 그래도 이런 논의가 필요한 이유는 우리 인류의 미래를 객관적으로 전망할 수 있는 좋은 지표가 되기 때문이다. 현재 인류는 과학 기술이 나날이 발전하고 있지만 동시에 그 폐해도 절감하고 있다. 환경 오염과 생태계 파괴를 걱정하고 지구 온난화로 육지가 물에 잠길까 두려워한다. 한반도에 사는 우리의 경우 미세 먼지는 일상이다.

이런 모든 과학 기술의 어두운 그늘로부터 벗어나려면 인류는 언젠가는 필연적으로 우주 진출을 시도하게 될 것이다. 0.7단계에 머물러 있는 우리가 더 높은 단계의 문명으로 올라가기 위해서는 앞서 소개했던 테라포밍 같은 거대 우주공학 기술이 필요할 수도 있기 때문이다.

4. 외계인이 깔끔하게 지구를 접수하는 방법

늘 보던 이웃 사람이 어느 날부터 이상하다. 표정이며 말투, 몸짓 등이 평소 익숙하던 모습과 아주 다르다. 분명히 겉모습은 그대로인데 성격이 변한 정도가 아니라 마치 딴사람이 된 것 같다. 그러던 어느 날, 자고 일어났더니 가족이 변했다. 집집마다 아내가, 남편이, 또는 아이들이 완전히 딴사람이 되었다. 변한 사람들은 자기들끼리 동아리를 이루고는 아직 변하지 않은 이들을 압박한다. '어서 잠들어라.'

잭 피니Jack Finney의 장편소설 『바디 스내처The Body Snatchers』는 위와 같이 사람들이 변하는 이야기를 담고 있다. 사람들은 잠자는 사이에 딴사람이 된다. 처음엔 단지 몇 명에게만 일어난 일이었지만 시간이 갈수록 기하급수적으로 늘어나 결국엔 주인공을 제외한 주변 사람들 대부분이 변하고 만다. 공포에 휩싸여 도망 다니던 주인공은 마침내 외계에서 온 미지의 존재가 인간들을 차근차근 대체하고 있다는 사실을 깨닫게 된다. 그들 눈에 띄지 않으려 노력하지만 잠을 안 자고 버텨야 한다는 면에서 어차피 한계가 뻔하다.

이 소설은 1956년, 1978년, 1993년, 그리고 2007년 등 네 번이나 영화화되었을 만큼 SF 문학사에서 명작으로 꼽힌다. 게다가 영화화된 작품들도 모두 평균 이상이다. 특히 1956년판은 세계 SF 영화사에서 10대 걸작 중 하나로 심심찮게 선정될 만큼 뛰어나다. 니콜 키드먼Nicole Kidman이 주연하고 <인베이젼The Invasion>이란 제목으로 개봉했던 2007년판이 범작이란 평을 들을 정도이다. 소설 역시 지난 40여 년간 한국어판이 최소한 4종 이상 출간된 바 있다.

피 한 방울 튀는 장면조차 나오지 않음에도 불구하고 이 작품은 정말 무섭다. 주변 사람들이 차례차례 변해 버리고 마침내 혼자 남았을 때 느끼는 실존적 차원의 공포는 인간 심리의 한 극한을 경험하게 한다. 지구상의 모든 인간들이 겉모습만 그대로이고 실상은 인간이 아닌 그 무엇이 되었다고 상상해 보자. 과연 나 혼자 그런 세상에서 버틸 수 있을까?

외계인이 지구를 침략하는 이야기라면 흔히 <인디펜던스 데이>나 <우주전쟁War Of The Worlds>, <월드 인베이젼World Invasion: Battle LA> 같은 영화를 떠올리기 쉽다. 이 작품들의 공통점은 외계인을 상대로 지구 군대가 치열한 전투를 벌이는 것이다. 그러나 과학적으로 생각해 보면 이런 설정은 개연성이 별로 높지 않다는 점을 어렵지 않게 깨달을 수 있다. 인류보다 뛰어난 문명을 지닌 외계인이 지구를 차지하려 한다면 과연 물리적 전쟁이라는 지저분한 방법을 택할까? 지구의 환경과 자원은 그대로 보전한 채 인류만 무력화시키는 방법을 선호하지 않을까?

『바디 스내처』는 비교적 깨끗한 방법으로 외계인이 지구를 접수하는 이야기들 중에서 고전에 속한다. 그런데 최근에 우리나라의 사회적 이슈와 맞물려 재조명되고 주목받는 또 다른 작품이 있다. 제임스 팁트리 주니어James Tiptree Jr.의 단편「체체파리의 비법The Screwfly Soultion」이다. 원래 1977년에 처음 발표된 이 이야기는 새 한국어판이 나오면서 여성 혐오와 젠더 평등이라는 쟁점과 맞물려 새삼 관심을 모으고 있다.

어느 날부터 남성들이 여성을 극단적으로 혐오하는 것을 넘어 잔혹하게 학살하기 시작한다. 이것은 남성들에게만 번지는 일종의 정신적 바이러스 때문인데, 친지나 가족 사이에도 예외 없이 끔찍하게 진행되지만 언론과 통신 등 사회 관계망을 장악하고 있는 남성들에 의해 세상에는 거의 알려지지 않는다. 게다가 남성들은 자신의 행위를 종교적, 이념적 확신에 따른 사명으로 인식해서 전혀 죄책감이나 가책을 느끼지 않고 스스로 합리화한다. 결국 살아남은 소수의 여성들은 남자로 위장하고 숨어 사는 등의 방법으로 간신히 목숨을 부지하는데, 그중의 하나였던 주인공은 사태의 충격적인 실체를 마주하게 된다. 이 모든

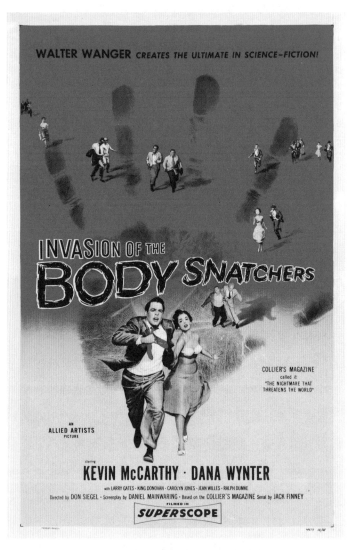

1956년에 영화화된 <바디 스내처> 포스터.
이 영화는 SF 영화사에서 10대 걸작 가운데 하나로 선정될 만큼 뛰어난 작품이다.
영화에서는 상상을 초월한 외계인의 지구 침공이 묘사된다.

비극은 사실 외계인이 인류를 말살하기 위해 꾸민 일이었던 것이다. 인간이 체체파리라는 해충을 박멸하기 위해 암컷들만 무력화시키는 방법을 쓰듯, 외계인도 지구를 접수하기 전에 방해가 되는 인류를 제거하기 위해 인간 남성들의 정신에 간단한 조작을 가한 것이다. 여성들이 모두 사라져 버리면 인류라는 생물학적 종은 불임이 되어 버릴 수밖에 없다.

장르의 고전 반열에 오른 『바디 스내처』나 미국SF작가협회에서 수여하는 권위 있는 SF 문학상인 네뷸러상을 받은 「체체파리의 비법」이 높은 평가를 받는 이유는 사실 겉으로 드러나는 설정상의 아이디어 못지않게 문학적 은유로서도 뛰어난 성취를 보였기 때문이다. 『바디 스내처』는 이념이나 종교를 포함한 어떤 가치관이나 철학이 인간들을 극적으로 변화시키고 그 과정에서 공동체가 해체되거나 재구성되는 상황에 대한 매우 독창적인 SF 레토릭이다. 「체체파리의 비법」 역시 자연 과학의 원리가 인간 문화에 어떤 식으로 수용되고 표현될 수 있는지를 극단적인 설정의 스토리텔링으로 잘 형상화했다. 이런 이야기들을 통해 우리가 생각해 봐야 할 점은, 과학적 상상력과 문학적 상상력은 사실 그 뿌리나 성질이 다르지 않다는 것이다. 외계 존재에 대한 상상은 과학적 가능성 못지않게 인류라는 존재를 객관적으로 보기 위해서도 아주 좋은 방법이다.

5. 한국의 폭염에 얼어 죽을 외계인

마약의 밀반입 경로를 찾아 수사요원이 한 외계 행성을 방문한다. 그런데 그곳은 너무나 추워서 도저히 견딜 수가 없다. 체온 보존은 물론이고 호흡을 제대로 하기 위한 특수 복장은 필수다. 혹독한 조건 속에서도 주인공은 그 행성의 원주민과 팀을 이루어 수사를 진행한다.

미국 작가 할 클레멘트Hal Clement의 소설 『아이스월드 *Iceworld*』에 등장하는 이 '외계 행성'은 어디일까? 답은 바로 지구이다. 주인공은 우주에서 지구로 온 외계인이며, 그가 사는 고향 행성은 대기 온도가 최소한 섭씨 수백 도를 넘는다. 지구인 입장에서 보면 그야말로 초열지옥인 셈이다. 그가 숨 쉬는 공기

할 클레멘트의 소설 『아이스월드』의 초판본 표지(1953년).
이 소설에서 외계인이 묘사하는 아이스월드는 다름 아닌 지구다.

의 주성분은 지구인처럼 산소와 질소가 아니라 황sulfur이다. 황은 끓는점이 섭씨 450도 가까이 되기 때문에 지구의 상온에서는 노란색을 띤 고체 상태로 존재한다. 상대적으로 소설 속의 외계인은 글자 그대로 '공기가 얼어붙는' 무시무시한 추위의 외계 행성으로 파견된 것이다.

SF적 상상력은 이렇듯 역지사지易地思之라는 사고방식이 큰 비중을 차지한다. 그리고 이런 접근 방법을 통해 우리 인간과 지구를 전혀 다른 차원에서 객관적으로 바라보게 한다. 우주에서 지구와 인류라는 존재는 얼마나 독특한 것일까. 왜 인간은 100가지가 훨씬 넘는 원소들 중에서 하필이면 산소와 질소를 주성분으로 하는 공기를 호흡하게 되었을까? 왜 기온이 30도만 넘어도 무더위를 느끼며 고통스러워할까?

기온은 계절에 따라 영하에서 영상으로 오르락내리락하기도 하지만, 사실상 변함없이 일정하게 유지되는 조건도 있다. 가장 대표적인 것이 중력이다. 우리는 지구의 중력에서 태어나고 자라 적응했기에 평소에 그 존재를 의식하지 않는다. 건물이나 산 등에서 추락 사고가 나도 중력을 탓하는 사람은 아무도 없다. 나이가 들어 몸을 움직이기가 힘들어져도 숙명으로 여길뿐 중력을 원망하지는 않는다.

하지만 다른 행성이라면 어떨까? 할 클레멘트의 또 다른 작품인『중력의 임무Mission of Gravity』는 이런 상상력을 극단적으로 펼쳐 SF 문학사에서 길이 기억되고 있는 이야기다. 이 소설은 자전 속도가 너무나 빨라서 납작하게 일그러진 거대한 외계 행성이 배경이다. 소설 속에서 이 행성은 극지방의 중력이 자그마치 지구의 700배 가까이 된다. 그러나 빠른 자전 속도 덕분에 적도 지방은 원심력이 커서 중력이 지구의 3배 수준으로 뚝 떨어진다.

이곳에 지구의 우주 탐사선이 접근해 보니 놀랍게도 지적인 생명체가 살고 있었다. 그들은 엄청난 중력에 적응하느라 몸이 바닥에 착 붙은 형태였고 이동이 용이하도록 다리가 많아서 마치 지네처럼 생겼다. 높이 10센티미터 정도만 되어도 이들에게는 추락해 죽을 수도 있는 위험한 절벽이다. 그러다 보니 우주여행은 물론이고 하늘을 나는 것은 꿈도 꾸지 못한다. 그러던 어느 날, 외계에서 온 존재(지구인) 덕분에 그들은 새로운 모험에 눈을 뜬다. 강력한 중력 때문에 한정된 지역에서만 살다가, 적도 쪽으로 가면 갈수록 신세계가 펼쳐진다는 사실을 깨달은 것이다. 자신이 살고 있는 행성 안에서 새로운 미개척지를 향해 '대항해 시대'를 시작하는 이 외계인들의 이야기는 자못 감동스럽기까지 하다.

이렇듯 하드 SF는 과학적 묘사의 정교함에 큰 비중을 두는데 할 클레멘트는 이 분야에서 독보적인 경지를 이룬 작가로 추앙받는 인물이다.『중력의 임무』에서 묘사한 외계 행성의 경우 나중에 작가는 극지방의 중력이 지구의 700배가 아니라 300배 미만이라고 다시 계산해 발표하기도 했다. 하지만 하드 SF에서 정확성보다 중요한 것이 바로 상상력 그 자체이다. 이 장르의 가장 큰 미덕은 지구 중심주의, 인간중심주의에서 벗어나 우주를 최대한 객관적으로 보려는 발상 자체다.

『중력의 임무』에서 한발 더 나아간 상상을 펼치면 어떻게 될까? 그 대답 가운데 하나가 미국의 물리학자이자 SF 작가였던 로버트 포워드Robert Forward가 1980년에 내놓은 장편『용의 알 Dragon's Egg』이다. 이 작품은 중력이 지구보다 자그마치 67억 배나 센 중성자별에 사는 생명체가 주인공이다. 중성자별은 항성이 수명을 다하고 초신성이 되어 폭발한 뒤에 생기는 것으로 알려진 초고밀도의 천체로, 태양과 같은 질량을 지닐 경우 반지름이 10킬로미터 미만일 정도이다. 이런 곳에 생명체가 있다면 어떤 일을 상상할 수 있을까?

『용의 알』에 등장하는 중성자성은 표면 중력이 지구보다 무려 67억 배나 되는데, 인간의 탐사선이 이 별에 접근하여 관측해 본 결과 놀랍게도 그곳에 생명체가 살고 있다는 사실이 밝혀진다. 지구인들에 의해 '체라'라는 이름이 붙은 이 생물체는 중성자별의 특성상 자기장의 영향을 강하게 받아 조금만 이동을 해도 몸의 모양이 급격하게 변화하며, 에너지 신진대사의 방식도 지구상의 생물과는 근본적으로 다르기 때문에 시간 감각이 놀라우리만치 빠르다. 그래서 체라는 인간보다 100만 배나 빠른 시간 척도로 인해 처음 지구인과 접촉한 뒤 불과 하루 만에 지구에서의 2,700년에 해당하는 정도의 발전을 이룩해 낸다. 이를테면 원시 시대의 유인원을 만나고 와서 그다음 날 다시 가 보았더니 우주선을 만들어 낼 정도로 문명을 발전시켰다는 식이다. 중성자성의 생물체들은 지구인이라는 외계 고등 문명을 아주 잠깐 접하고 나서 그 약간의 자극만을 바탕 삼아 자체적으로 고도 문명을 발전시켜 낸 것이다.

이러한 일이 가능한 이유는 영화 <인터스텔라>에서 잘 묘사했듯이 중력이 시간에 영향을 끼치기 때문이다. 『용의 알』에 등장하는 외계인들 역시 너무나도 강한 중력 때문에 시간 개념이 인간의 기준으로 보면 무시무시하게 빠르게 흐른 것이다. 이들의 하루는 지구 시간으로 0.2초에 불과하고, 40분 정도면 한 평생이 끝난다.

인간의 일상적인 시간 감각이 외부 환경과 일치하지 않는 경우는 대개 심리적인 이유다. 재미있는 일에 몰두하면 어느새 시간이 훌쩍 지나가 버린다. "신선놀음에 도끼자루 썩는 줄 모른다"는 전설도 그런 은유일 가능성이 높다. 그런데 바깥 우주로 눈을 돌리면 이는 엄연히 과학적으로 가능한 일이 된다.

6. 외계 생명체의
다양한 가능성

　지금 이 순간에도 화성에서는 인류가 보낸 로봇 탐사선 큐리오시티가 생명체의 흔적을 찾고 있다. 그런데 우리가 외계에서 찾으려는 생명체는 엄밀히 말하자면 '지구형 생명체'이다. 유기물, 즉 탄소를 생체 신진대사의 기본 물질로 삼는 생명체인 것이다. 그렇다면 유기물이 아닌 생명체도 우주에 존재할 수 있을까? 사실 여기서부터는 표본이 없기 때문에 상상의 영역으로 들어갈 수밖에 없다. 그래서 외계 생명체의 다양한 가능성에 대한 과학적 상상은 SF의 주요 제재 중 하나가 된다.

　유기물이 아닌 무기물 생명체를 상상해 보자. 예를 들어 탄소가 아니라 규소(실리콘)를 기반으로 하며, 산소나 공기 호흡

대신 전기를 먹고 사는 생명체가 있다고 가정해 보자. 사실 우리 주변엔 이와 비슷한 것이 이미 널려 있다. 바로 반도체 칩들이다. 어딘가 먼 외계에서는 이런 것들이 진화해서 마치 컴퓨터의 CPU처럼 두뇌가 만들어지고 고등 생명체로 발전하지 말라는 법이 없다.

이러한 외계 로봇 생명체가 주인공으로 등장하는 가장 유명한 영화는 <트랜스포머Transformers>일 것이다. 그 밖에도 <8번가의 기적Batteries not included>이나 <바이러스Virus> 같은 작품도 있다. <바이러스>의 외계 생명체는 일종의 컴퓨터 소프트웨어 형태이고, <8번가의 기적>에 나오는 로봇 외계인은 아주 조그맣고 귀여운 존재이며 심지어 아기 로봇을 출산하는 장면까지 나온다.

외계 생명체는 생태적 특징에 따라서도 생각해 볼 수 있다. 특히 SF에서 흥미를 끄는 것은 '기생형' 외계 생명체이다. 사실 지구상의 생명체들도 기생형인 경우가 매우 많기 때문에 외계 생명체를 기생형으로 상상하는 것은 꽤 설득력 있는 가설일 것이다. 기생형 중에서 가장 섬뜩한 외계 생명체라면 흔히 <에이리언Alien>을 떠올리게 된다. 이 외계인 괴물은 인간의 몸 안에다 유충을 옮긴다. 게다가 혈액이 강한 산성을 띠고 있어 금속을 녹일 정도이다. 한편 존 카펜터John Carpenter 감독의 수작 <괴물 The Thing>에 등장하는 외계인 괴물은 인간의 몸에 들어간 뒤 원래의 인간과 똑같은 모습으로 변신한다. 생물학적으로도 무시무시하지만 인간의 정체성을 뒤집어 놓는다는 수사학도 의미심장하다.

기생형 외계인은 개체가 아닌 군집 차원에서도 생각해 볼 수 있다. <인디펜던스 데이>나 <오블리비언>에 나오는 외계인들은 고도로 발달된 과학 기술을 무기삼아 우주를 떠돌아다니며 약탈을 일삼는다. 이런 '우주 기생 종족'은 자신들의 고향 행성에 있던 자원이 다 고갈되면서 우주 해적이라는 새로운 활로를 찾은 것일 수도 있다. 말하자면 '생리적 기생형'이 아니라 '문명 기생형' 외계인인 셈이다.

접근을 좀 달리해서, 지구상의 생명체들 중에 외계 환경에서도 잘 적응할 것 같은 종류는 무엇이 있을지 생각해 보자. 유력한 후보는 곤충이다. 영화 <스타쉽 트루퍼스Starship Troopers>에는 딱정벌레부터 메뚜기, 거미까지 매우 다양한 형태의 외계 생명체들이 등장한다. 또 화성을 배경으로 삼은 영화 <레드 플래닛>에도 곤충형 외계 생물이 나온다.

지구의 곤충들은 매우 생명력이 질기고 환경 적응력도 뛰어나다. 핵전쟁이 일어나서 인간을 포함한 모든 동물들이 사라져도 개미나 바퀴벌레는 끝까지 살아남을 것이란 예측도 있고, 여름밤의 불청객인 모기도 적응력이 뛰어나서 심지어 남극에서도 서식한다. 이렇듯 지구상에서 가장 생존력이 강한 동물이 바로 곤충인 만큼 SF에도 외계 생명체의 후보로 자주 등장한다.

그런데 영화 <에볼루션Evolution>에는 곤충보다도 더 적응력이 뛰어난 외계 생명체가 나온다. 이 외계 생명체는 새로운 환경에 적응하는 방법으로 놀랄 만큼 빠른 속도의 진화를 보여 준

영화 <에이리언>에서 에이리언의 유충을 운반하는 것으로 등장하는
페이스 허거Face hugger 가상 모형.
이 페이스 허거가 인간의 몸 안에 유충을 옮기면서 인간은 감염된다.

다. 지구상에서는 수억 년에서 최소한 수천만 년이 걸렸던 진화의 과정을 단 며칠 만에 끝내 버리고는 마침내 가장 생존력이 강한 형태로 변신한다. 그 최종 형태는 다름 아닌 단세포로 추정되는 거대한 하등 동물이다. 즉, 이런 형태의 생물이야말로 가장 생존력이 강하다는 사실을 반증하려는 설정인 셈인데, 실제로 지구상에서도 단세포의 하등동물이 가장 강한 생존력을 보여 주는 경우가 많다. 여러 가지 세균이라든가 기타 미생물 종류들은 고온이나 저온, 또는 고압이나 각종 화학 물질 등에도 끄떡없이 생존하며 번식까지 한다.

따지고 보면 외계 생명체라는 주제는 서론부터가 매우 길고 깊을 수밖에 없다. 과연 '생명'이란 무엇인지, 그것부터 명확히 규정되어야 하기 때문이다. 이 이야기는 너무나 방대한 논의가 필요한 주제가 아닐 수 없다.

III

로봇과 엉뚱하고 흥미로운 미래 보고서

1. SF 역사상 가장 인기 있는
로봇은 무엇일까

SF에 나오는 로봇들을 대상으로 인기 투표를 한다면 누가 1등을 할까? 가장 유력한 후보는 <스타 워즈>에 등장하는 씨-쓰리피오C-3PO와 알투-디투R2-D2일 것이다. 사실상 이 둘 사이에서 표가 갈릴 확률이 높으니 글자 그대로 <스타 워즈>라는 집안싸움이 될 가능성이 높다. 서양에선 이보다 앞서 1956년 영화 <금지된 세계Forbidden Planet>에 등장한 '로비Robby'라는 로봇을 기억하는 올드팬들도 많지만 아무래도 <스타 워즈>의 후배들이 누리는 세계적인 인기와 겨루기에는 벅차다.

그런데 <스타 워즈>의 이 두 로봇은 흥미롭게도 로봇공학적으로 서로 다른 유형의 상징처럼 보인다. 휴머노이드humanoid

2006년 샌디에이고 코믹 콘San Diego Comic Con 2006에 등장한 로봇 로비 모형

타입과 그렇지 않은 형태의 대표 주자인 것이다. 외모가 인간처럼 생긴 것을 휴머노이드라고 하는데, 사실 특정한 기능에 맞춰진 로봇이라면 꼭 이런 타입일 필요는 없다. 현실에서도 공장의 용접 로봇 같은 것들은 외모가 사람과는 거리가 멀다. <스타 워즈>의 알투-디투도 기계들만 상대하는 용도로 제작되었기 때문에 깡통처럼 단순한 형태다. 반면에 씨-쓰리피오는 통역을 포함해 인간의 수발을 드는 것이 주요 목적이다 보니 처음부터 휴머노이드로 만들어졌다.

한편 또 하나의 쟁쟁한 후보인 <터미네이터Terminator> 역시 휴머노이드이다. 그런데 같은 휴머노이드인 씨-쓰리피오와는 달리 로봇인지 알아챌 수 없을 만큼 외모가 인간과 똑같다. 이렇듯 겉만 보면 인간과 구별이 안 될 정도로 정교하게 만들어진 로봇을 흔히 안드로이드android라고 한다. 전설적인 명작 영화 <블레이드 러너>에 나오는 인조인간들인 '리플리컨트replicant' 역시 안드로이드이다.

그런데 인간과 똑같이 생겼는데 인간이 아닌 존재들을 대하면 사람에 따라서는 강한 거부감을 갖는 경우도 있다. 이런 현상을 '언캐니 밸리uncanny valley', 우리말로 '불쾌한 골짜기'라고 부른다. 인간은 자신과 비슷한 형체, 예를 들어 인형 같은 것을 보면 호감을 느끼지만 정작 어설프게 닮으면 오히려 섬뜩한 느낌을 받기도 한다. 이러한 호감도의 변화를 그래프로 그리면 점점 올라가다가 뚝 떨어지는 모양이 나오기에 말 그대로 '골짜기'를 형성한다. 아마 터미네이터를 포함해

핸슨 로보틱스가 제작한 휴머노이드 소피아Sophia는 한국에도 방문한 바 있다.
사람 피부와 유사한 질감의 플러버frubber 소재를 사용하고 60여 개의 감정을
표현하며 사람과 대화할 수 있는 인공지능을 가지고 있다.
소피아 로봇 내한 당시 불쾌한 골짜기 논쟁이 일기도 했다.

서 SF에 등장하는 숱한 안드로이드들은 '불쾌한 골짜기' 때문에 득표에서 손해를 볼 가능성이 높다.

일본에서 로봇 인기 투표를 한다면 1위 후보는 단연 <철완 아톰鐵腕アトム>일 것이다. 우리나라에도 친숙한 캐릭터인 '아톰'은 강력한 성능과는 달리 소년 인형 같은 귀여운 외모를 지녀서 '불쾌한 골짜기'를 수월하게 비껴간다. 아톰뿐만 아니라 이 작품에 나오는 다른 로봇들은 대부분 휴머노이드이면서도 인간과는 분명하게 구별되도록 로봇다운 특징을 드러내고 있어서 거부감을 거의 불러일으키지 않는다. 여기에는 물론 작화가인 데즈카 오사무의 그림체가 단순한 이유도 있다.

이러한 점은 현실의 로봇공학에서도 유의할 부분이다. 미래에 인간처럼 말하고 행동할 수 있는 로봇이 등장한다 하더라도 인간이 아니라는 것을 분명하게 알 수 있도록 외모를 단순화해야 한다는 규정이 생길 가능성이 높다. 여러 가지 혼란스런 문제들을 방지하기 위한 사회적 수요로서 그런 요구가 나올 것이다.

젊은 층을 중심으로 꽤 많은 득표를 할 로봇인 <월-E WALL-E>도 있다. 인간들이 모두 우주로 떠나 버린 뒤 거대한 쓰레기장이 된 지구에 남아 뒤치다꺼리를 충실하게 수행하는 로봇인 월-E는 휴머노이드와는 거리가 먼 외모를 지녔지만 감정이나 정서만큼은 인간 못지않다. 어쩌면 월-E는 요즘 현실에 등장한 대화형 인공지능 스피커의 미래형이라고 볼 수도 있을 것이다. 바퀴 혹은 무한궤도 같은 이동 장치, 정교한 조작이 가능한 기계 팔, 그리고 각종 센서까지 달면 월-E와 같은 로봇 몸체를 만드는 일은 큰 문제가 없다. 중요한 것은 거기에 들어갈 소프트웨어, 즉 인공지능이다. 지금도 화성에서 열심히 활동을 하고 있는 미국의 우주 탐사 로봇 큐리오시티는 장차 월-E로 진화하기 위한 중간 단계 정도에 해당되는 셈이다.

우리나라의 인기 SF 로봇은 무엇일까? 로보트 태권 브이가 많이 거론되지만 일본 로봇의 아류라는 비판으로부터 자유롭지 못하다는 약점이 있다. 토종 로봇 캐릭터들 중에서는 철인 캉타우와 로봇 찌빠가 떠오른다. 캉타우는 이정문 화백이 1976년에 발표한 만화의 주인공이다. 전투형 거대 로봇이라는 점에서는 태권 브이나 일본의 마징가 제트와 같지만 그들과는 달리 사람이 안에 탑승해서 조종하는 것이 아니라 자율적으로 움직인다. 그리고 지구에서 제작된 것이 아니라 외계에서 온 것이라는 설정도 커다란 차이점이다. 한편 로봇 찌빠는 신문수 화백이 1979년에 발표한 명랑 만화의 주인공으로 2000년대 들어서 텔레비전 애니메이션 시리즈로 제작되기도 했다.

머잖은 미래에 알파고처럼 어떤 새로운 분야에서 인간을 가뿐히 뛰어넘는 새로운 인공지능들이 속속 등장하게 될 것이다. 그리고 그런 인공지능이 탑재된 로봇이 어떠한 계기로, 예를 들어 사고 현장에서 인간을 구해 낸다거나 하는 일로 사회 유명인사가 될 날도 아마 금세기 중에 올 것이다. 현실의 로봇이 SF 속 로봇들보다 더 유명해지는 날이 머지않았다.

2. 인공지능도 득도할 수 있을까

불교 사찰에서 일하던 로봇이 어느 날 깨달음을 얻는다. 사람들은 그 로봇에게 '인명'이라는 법명까지 붙이고 존경하며 따른다. 하지만 그런 로봇을 마뜩찮게 보는 사람들도 물론 있다. 결국 로봇을 두고 두 편으로 나뉜 사람들은 위험한 대치 상황까지 가는데, 그 순간 로봇이 나서서 입을 연다.

박성환 작가의 단편 SF 소설 「레디메이드 보살」의 줄거리다. 이 작품은 김지운 감독의 연출로 2011년에 <천상의 피조물>이라는 단편 SF 영화로 만들어지기도 했다. 또한 2019년에 미국에서 출판된 한국 SF 선집에 표제작으로도 수록되었다.

우리가 인공지능 로봇을 대하는 일반적인 태도는 어떤 것일까? 알파고 이후 인공지능이 인간의 일자리를 위협할 가능성이 대두되면서 '인간의 적, 아니면 친구'라는 이분법적 태도가 더 굳어지는 느낌이다. 그런데 가만히 따져 보면 이런 흑백논리식 접근은 상당 부분 우리가 그간 접해 왔던 할리우드 위주의 상업 SF 영화들에서 영향 받은 바가 크다.

<터미네이터>와 <매트릭스>는 인간의 적으로 인공지능이 등장하는 대표적인 작품이다. 반면에 <바이센테니얼 맨Bicentennial Man>이나 <그녀Her>의 인공지능은 인간의 가족이나 다름없는 친숙하고 든든한 존재로 묘사된다. 다른 대부분의 SF들도 이런 양극화된 스펙트럼에서 크게 벗어나지 않는다. 그런데 이러한 인상이 자칫 우리 사회에서 인공지능이 현실적으로 수용되는 과정에 좋지 않은 영향을 미칠 가능성은 없을까? 이를테면 적극적으로 받아들이자는 편과 가능한 한 끝까지 거부한다는 측이 대립하여 사회 갈등의 새로운 요소로 떠오를 수도 있다.

SF에서 묘사한 인공지능을 현실에서도 그대로 받아들일 필요는 물론 없다. 인공지능은 본질적으로 하나의 도구일 뿐이며, 어떻게 이용하는가는 전적으로 우리 인간에게 달린 일이다. 그렇다면 도구의 본질은 무엇인가? 인간이 하던 일을 더 잘할 수 있게 도와주는 것이다. 도르레나 크레인을 쓰면 인간의 근력만으로는 엄두도 못 낼 무거운 물체를 들어 올릴 수 있다. 컴퓨터를 쓰면 사람이 직접 계산하는 것과는 비교조차 할 수 없을

정도로 빠르게 방대한 연산을 처리할 수 있다. 인공지능도 마찬가지다. 우리가 어떻게 쓰느냐에 달렸을 뿐, 인공지능 자체는 어떤 의도나 목적을 가지고 있지 않다. 기술이 발달하여 강한 인공지능이 등장하면 독립적인 사고를 할 수 있을 것이라 하지만, 사실은 독립적인 사고 주체를 시뮬레이션 하는 것일 뿐이다. 여전히 주도권은 인간에게 있다.

그래서 등장한 개념이 '적응형 자동화adaptive automation'라는 것이다. 인공지능이 인간의 일을 대체하는 것이 아니라, 인간 혼자서 하던 일을 돕는 방향으로 인공지능을 개발하는 것이다. 이렇게 인간과 인공지능의 협업 체계로 최대 시너지를 이끌어낸다면 인간이나 인공지능이 각각 단독으로 일할 때보다 더 많은 성과를 낳을 뿐만 아니라 사회 갈등 요소도 대폭 감소시킨다. 여러모로 사회적 효율이 올라갈 수 있는 것이다.

처음에 소개한 작품 「레디메이드 보살」은 바로 적응형 자동화라는 인공지능의 개발 방향에서 최선의 시나리오를 보여주는 하나의 레토릭으로도 읽힌다. 인공지능은 인간의 적이 아니지만 그렇다고 맹목적으로 충성하는 존재만도 아니다. 오히려 인간 스스로의 잠재성을 깨닫게 도와주는 멘토에 가깝다. 이 작품에서 깨달음을 얻은 로봇이 마지막으로 인간에게 전하는 메시지는 무엇이었을까? 이것이야말로 할리우드 SF에서는 쉽게 접하기 힘든 내용이라고 생각한다. 전체 분량은 꽤 되지만 핵심적인 대사만 인용하자면 다음과 같다.

영화 <인류멸망보고서> 포스터.
<인류멸망보고서> 수록 영화 가운데 하나였던 <천상의 피조물>에는
득도한 인공지능 로봇이 등장한다.

"인간들이여, 당신들도 태어날 때부터 깨달음은 당신들 안에 있습니다. 다만 잊었을 뿐."

그렇다면 인공지능은 어떻게 성숙하게 될까. 먼저 알파고가 인공지능에 대한 막연함을 상당 부분 걷어 냈다는 점을 지적하지 않을 수 없다. 알파고의 예를 통해 일반 대중들도 인공지능이 어떤 과정을 통해 똑똑해지는지 꽤 구체적으로 이해하게 되었다. '기계 학습machine learning'이 주목받게 된 것이다. 기계 학습이란 한마디로 인간의 경험을 방대하게 반복, 모방하면서 최적의 해법을 찾는 과정이다. 즉, 인공지능의 모델은 인간이다.

1983년에 나온 SF 영화 <워게임WarGames>은 미-소 냉전 시대에 미 국방성의 인공지능이 기계 학습을 통해 전면 핵전쟁을 대비한다는 설정이다. 이 인공지능은 모의 전쟁 게임을 통해 이길 수 있는 시나리오를 계속 탐색한다. 그런데 외부의 해커가 소련 역할로 게임을 시작하는 바람에 모의 게임과 현실을 구분하지 못하고 실제로 핵미사일을 발사하려 한다. 더구나 인간의 실수를 배제하기 위해 일단 미사일 발사 프로세스가 시작되면 중간에 인위적으로 멈추지도 못하게 되어 있다.

하지만 이 인공지능은 3차 세계 대전을 일으키기 직전에 의문을 갖게 된다. 어떤 시나리오를 시도해 봐도 전면 핵전쟁이란 게임은 승자가 나올 수 없다는 것이다. 결국 인공지능은 승자가 나올 수 있는 다른 평범한 보드게임으로 종목을 바꾸고, 세계는 안도의 한숨을 내쉰다.

기계 학습이 인간의 성취를 반복, 모방하면서 최선의 해답을 찾는 과정인 만큼, 인공지능은 인간과 사회에 대한 고도로 복잡한 상황을 계속해서 접하게 된다. 그러다 보면 어느 시점에선가 인공지능은 '인간의 존엄성'을 스스로 깨달을 가능성이 높다. 다르게 표현하자면, 인간을 건드려서는 안 되는 일종의 상수로 인식하게 된다는 말이다.

<터미네이터>나 <매트릭스> 같은 SF는 인공지능이 수학적 완성미를 추구하는 과정에서 인류를 불필요한 존재로 인식하여 소거하려 할 것이라 전망하지만, 실제로 그런 시나리오가 실행될 가능성은 낮을 것이다. 인간들이 프로그램에 안전 장치를 심어 두기도 하겠지만, 인공지능은 처음부터 인간의 존엄성이 보장되는 해결법만을 학습할 수밖에 없기 때문이다.

다만 여기서 말하는 인간의 존엄성이란 어디까지나 인간에게 물리력을 행사하지 않는다는 것일 뿐, 조직의 구조 조정이나 사업의 효율성을 개선하라는 등의 문제에서는 인간을 그저 수치로만 취급할 것이다. 개별 조직의 차원이 아닌 사회 전체의 행복 지수를 최우선으로 고려하라는 초기 조건을 설정하지 않는 한, 인공지능이 사회 갈등의 불씨가 될 소지는 남는다.

인공지능의 기계 학습이 인간의 사고와 인간의 철학을 닮으려는 과정이라면, 이에 대한 SF의 상상력은 또 어떤 층위의 화두를 제시할 수 있을까. 영화 <A.I.>와 <바이센테니얼 맨>의 공통점은 주인공 로봇이 간절하게 인간이 되기를 원한다는 것이다. 이들은 인간의 충실한 반려로 존재하며 인간의 시간을 넘어서 오랜 기간 살아남지만 결국 스스로 운명을 선택한다. 그것은 인간처럼 '영원히 잠든다'는 것이다. 인공지능이 파악한 인간성이란 결국 유한함, 불완전함이었던 것이다. 이처럼 인공지능에 대한 논의는 궁극적으로 실존 철학, 그리고 종교 철학으로 귀결된다. 신이 인간을 만들었듯, 인간은 인공지능을 만들었다. 우리가 완벽한 인공지능을 만들고자 하면 할수록, 우리 자신부터가 과연 어떤 존재인지 더 심층적인 탐구가 선행되어야 할 것이다.

3. 인공지능과
동행 사회의 시나리오

2018년에 화물선을 타고 로테르담에 갈 기회가 있었다. 로테르담은 유럽 최대의 무역항이다. 그곳에서 놀라운 광경을 접했다. 화물선에서 내린 컨테이너들은 전국 각지로 보내기 위해 하역장에서 재배치를 하게 되는데, 그 역할을 전부 로봇 자동차들이 맡고 있었다. 함부르크나 사우스햄튼 등 다른 항구에서는 사람이 운전하는 특수 차량이 하는 일이었다. 그 모습을 보다가 문득 궁금해졌다. 부두 노동자들은 다 어디로 간 것일까? 노동조합 중에서도 항만 노조는 강성인 편이라는데, 과연 로봇들에게 순순히 일자리를 내어 준 걸까? 혹시 로봇 자동차들을 배치하는 과정에서 갈등은 없었는지 뉴스를 검색해 봐도 특별히 눈에 띄는 것은 없었다. 게다가 화물선에서 컨테이너를 내리는 크레인조차 무인으로 조종되고 있었다. 사람이 앉던 조종석은 남아 있지만 텅 비어 있었고 앞쪽에 달린 센서 카메라만이 바쁘게 반짝거리며 움직였다.

항구 전체를 둘러보다 보니 의문이 풀렸다. 로테르담항은 매우 넓어서 하역장이 수없이 많은데, 내가 탄 배가 정박한 곳은 가장 바깥쪽이었다. 바로 옆은 아직도 개발되지 않은 나대지일 정도였다. 즉, 이 하역장은 처음에 조성할 때부터 로봇 자동차만을 위한 작업 공간으로 디자인되었던 것이다. 항구 안쪽으로 몇 킬로미터를 더 들어가면 그곳에는 여전히 인간 노동자들이 일하고 있을 터였다.

그곳에서 일하는 노동자들이 나이가 들어 은퇴를 하면 그 자리는 어떻게 될까. 더 이상 다른 사람으로 채워지지 않을 것이다. 로테르담 항구의 숱하게 많은 하역장들은 세월이 흐르면서 하나둘씩 로봇 전용으로 바뀔 게 분명했다. 물론 로테르담뿐만 아니라 세계의 다른 모든 항구들도 그런 변화를 따라갈 것이다. 그 과정은 아무리 느려도 결국은 21세기 중반이면 닥칠 세상이다.

로테르담 항구의 로봇 자동차들은 답답할 정도로 천천히 움직였지만 그래도 사람들이 일하는 것보다 월등히 효율이 높아 보였다. 그러한 사실은 하역장 바닥이 선명하게 말해 주고 있었다. 로봇 자동차들이 그려 놓은 타이어의 궤적들은 마치 자를 대고 그린 것처럼 평행하게 줄지어진 직선에다 그 끝에 좌회

전, 혹은 우회전한 자국 또한 똑같은 각도와 반지름을 그리며 겹쳐져 있었다. 인간 운전자들이라면 절대로 남길 수 없는 일정한 패턴이었다. 이러한 인공지능의 완벽한 질서에 과연 인간들은 잘 적응할 수 있을까?

알파고는 특정 분야에서 인공지능이 인간을 월등히 뛰어넘을 수 있음을 증명했다. 그 뒤로 인공지능 로봇이 인간의 일자리를 빼앗아 갈 것이라는 위협과 공포가 전에 없이 퍼지게 되었다. 그러나 그런 과정은 생각만큼 빠르게 진행되지는 않을 것이다. 인간 사회가 지닌 보수적 관성은 생각보다 크다. 법적, 제도적 대비를 할 시간도 필요하다. 인공지능 로봇이 인간 노동자보다 더 많은 돈을 벌어 준다면 그에 대한 과세는 어떻게 할 것인가? 줄어드는 일자리만큼 실직하는 사람들에 대한 사회 복지는? 요즘 많이 논의되는 '기본 소득 지급' 이상의 대책이 나와야 하지 않을까?

그 답은 앞에서도 언급한 '적응형 자동화'라는 인공지능의 개발 방향일 것이다. 인공지능이 인간의 자리를 대체하는 것이 아니라, 인간 혼자서 하던 일에 인공지능을 붙여 줌으로써 시너지를 내어 더 좋은 결과를 얻도록 하자는 것이다. 인간과 인공지능의 협업이라는 방향은 인간이나 인공지능이나 서로에게 적응하는 시간을 벌어 주어 궁극적으로 사회 기간 시스템의 대부분을 인공지능이 담당하게 되는 미래까지 최대한 연착륙할 수 있도록 완충기를 제공할 것이다.

페미니스트 성향의 과학 및 테크놀로지 역사가인 도나 해러웨이는 인간과 기계의
결합을 통해 사이보그 문명으로 갈 가능성이 높다고 보았다.

그러는 사이에 21세기에 태어나고 자란 인류가 사회의 주
류 계층이 되어 경제 활동을 하고 정치적 영향력을 행사하면서
인류 사회는 도나 해러웨이Donna Haraway가 예견한 것처럼 인간과
기계의 결합이라는 거대한 사이보그 문명으로 갈 가능성이 높
지만, 이것은 또 다른 논의의 시작이다.

그런데 우리와 인공지능의 위상이 역전될 가능성은 없는
것일까. 대학의 한 이공계 교수에게서 들은 얘기가 있다. 학생
들에게 과제를 내주면 전에는 한국어로 된 자료만 참고하는 경
우가 대부분이었는데, 요즘은 영문 자료들도 많이 찾아본다고
한다. 이전보다 영어 실력이 향상되어서가 아니라 포털 사이트
에서 제공하는 번역 기능을 이용하기 때문이다. 어쨌든 결과
적으로 양질의 해외 자료들을 많이 접하게 되어 학생들의 전공

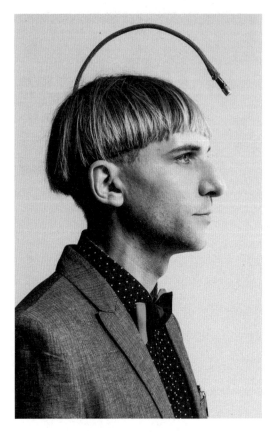

머리에 소형 카메라를 단 닐 하비슨Neil Harbisson.
닐 하비슨은 영국 정부가 인정한 최초의 사이보그 인간이다. 태어날 때부터 색상을
구분하지 못하고 일종의 명암차로만 이해했던 닐 하비슨은 인공두뇌학 전문가인
아담 몬탄돈Adam Montandon를 만나 '아이보그eyeborg'라 불리는 장치를 개발해 머리에
이식함으로써 사물의 색상에 따라서 입력되는 빛의 파장을 디지털 신호로 감지해
소리로 들을 수 있게 되었다.

분야에 대한 이해도 깊어지고 시야도 넓어져서 만족스럽다고
했다.

이런 추세는 앞으로도 계속될 것이다. 현상적인 기술이 많
아서 비교적 번역이 용이한 이공계뿐만 아니라 인문·사회 계열
의 학술 자료들도 점점 더 인공지능 번역에 의지하게 될 것이
다. 추상적이고 형이상학적인 개념들, 비유나 상징, 암시와 문
맥 등 인간의 철학과 글쓰기 역사에서 구사된 모든 레토릭들도
결국은 인공지능의 기본기가 될 날이 올 것이다. 활자 매체로
존재하는 모든 텍스트들을 디지털 형태로 변환하고 그 빅데이
터를 인공지능에게 기계 학습시키는 이런 과정이 쌓이다 보면
인공지능이 교사나 멘토 역할을 맡게 될지도 모른다.

오래전부터 이런 시나리오, 즉 인공지능의 압도적인 지적
연산 능력을 다루어 왔던 SF들 상당수는 결국 인공지능이 인류
를 초월할 것이라고 전망한다. 알파고처럼 특정 분야에서 인간
을 넘어서는 인공지능은 속속 등장할 것이다. 그렇다고 <매트
릭스>나 <터미네이터>와 같이 인류를 말살할 것이라는 설정은
공포나 스릴을 파는 문화 콘텐츠로서는 흥미롭지만 현실적인
설득력은 약하다. 그보다는 댄 시먼스Dan Simmons의 소설 『히페
리온Hyperion』처럼 인공지능이 그들만의 독자적인 지적 문명을
이루어 우주 안에서 인류와 대등한 존재로 교류할 가능성이 높
아 보인다. 물론 이건 아주 먼 미래에나 가능할 것이다.

이와 관련해서 유념할 만한 관점이 있다. 인공지능과 인류
가 서로 상대방을 닮아 간다는 이론이다. 인공지능이 벤치마킹

대상인 인간에 가까워지는 만큼 인간도 인공지능과 비슷한 존재로 변해 간다. 이것이야말로 현생 인류의 생물학적 미래, 즉 트랜스휴먼transhuman을 거쳐 포스트휴먼posthuman의 단계로·나아가는 전망을 암시하고 있다. 이 전망은 인간과 기계가 결합하여 사이보그가 된다는 물리적인 측면뿐만 아니라 인간의 가치관이나 철학이 이전과는 근본적으로 달라질 수 있다는 점에서 의미심장하다. 그렇다면 인간이 인공지능처럼 변해 간다는 건 어떤 뜻일까?

인공지능의 작동 원리는 수학이다. 인공지능은 기하학적으로 완벽한 결과를 추구한다. 반면에 인간은 근사치가 허용되며 수학으로는 설명할 수 없는 감정이나 정서의 영향도 많이 받는다. 이걸 두고 흔히 '인간적이다'라고 표현하지만 사실 대부분은 그릇된 부조리일 뿐이다. 인류의 역사는 부조리에 대항하여 정의를 구현하려는 다수 대중의 투쟁이기도 했으며, 적어도 표면적으로는 정의와 합리성이 보장되는 방향으로 사회 체제가 변화해 왔다. 이런 노력의 화룡점정은 바로 인공지능적 사고방식, 즉 다양성에 대한 공평함이라는 입장 그 자체를 수용하는 것이다. 우리가 이상적인 미덕으로 꼽는 불편부당한 자세야말로 인공지능의 수학적 객관성에 부합하기 때문이다.

현재의 인공지능은 아직 불완전하다. 여성이나 성 소수자, 인종 등을 혐오하고 차별하는 인간의 시선을 그대로 반영하기도 한다. 그러나 앞으로 연산 능력이 더 발전하고 인문적 빅데이터의 학습이 쌓일수록 인공지능은 스스로 인간보다 더 순수하고 객관적인 태도를 지니게 될 것이다. 그즈음이면 인간은 청소년 세대의 교육을 인공지능에게 맡기는 편이 나을 수도 있다. 영화 <블레이드 러너>에 등장하는 모토처럼 '인간보다 더 인간적인' 인공지능이야말로 인간이 지향해야 할 새로운 실존적 동반자이자 이상적인 멘토의 면모를 갖출 것이기 때문이다.

4. 인공지능이 하소연을
들어줄 날이 올까

2020년 초의 일이다. 누군가 나를 고소하는 민사 소송 소장이 왔다. 세 들어 있는 사무실 건물을 포함한 지역 일대의 재건축이 확정되어 조만간 퇴거가 시작되는데, 기한 내에 퇴거를 마치면 소는 자동으로 취하된다고 한다. 간혹 퇴거 기한 막바지에 부동산 소유자나 세입자가 나가지 않고 버텨서 재건축 일정에 차질이 생기는 경우가 있다는 것이다. 그런 일을 방지하고자 퇴거 대상자들 모두에게 일괄적으로 소송을 건다는 문자를 재건축 조합에서 보냈었다.

소송 대상자가 수천 명은 될 텐데 그 모든 비용을 감당하고라도 이런 식으로 하는 걸 보니 돌발 변수의 방지책으로는 그래도 합리적이라고 판단한 모양이다. 용산 참사 같은 일이 일어나지 않도록 하는 것이라면 납득되기도 하지만 그래도 잠재적 범죄자 취급을 받는 것 같아 기분이 좋지 않다. 아무튼 낡은 사무실 건물의 철거가 시작되는 장면을 상상해 보자니 문득 떠오르는 영화가 있다.

월 스미스Will Smith가 주연한 2004년 영화 <아이, 로봇I, Robot>에는 건물 철거 로봇이 등장한다. 거대한 쇳덩어리 같은 모양의 이 로봇은 집 앞에 얌전히 대기하고 있다가 미리 설정해 둔 시간이 되면 깨어나서 무지막지한 팔을 휘두르며 사정없이 건물을 때려 부순다. 처음에 경고 방송을 하기는 하지만 일단 부수기 시작하면 안에 사람이 있는지는 살피지도 않고 가차없이 벽을 무너뜨린다. 주인공은 집 안에 있다가 아닌 밤중에 날벼락 맞는 꼴로 간신히 피해 나오는데, 누군가가 철거 로봇을 조작해서 주인공을 없애 버리려 한 것이다.

이런 철거 로봇은 머지않은 미래에 현실로 등장할 가능성이 높다. 물론 철거 대상 건물을 사전에 점검해서 완전히 비었음을 확인하겠지만, 예기치 않은 상황은 늘 일어나기 마련이다. 누군가 급한 볼일을 보러 살짝 들어갈 수도 있고 노숙자가 구석에서 잠자고 있을 수도 있다. 아무튼 인명 사고가 나면 누가 책임을 져야 할까? 이런 사고가 반복될 경우 어떤 판례가 기준으로 남을까?

SF로만 여겼던 일이 현실로 속속 들어오고 있음을 요즘 실감한다. 사무실 근처의 횡단보도에서는 노란 선을 밟으면 뒤로

물러나라는 경고 방송이 나온다. 움직일 때까지 방송이 멈추지 않는 걸 보면 인공지능의 센서와 연동되는 모양이다. 저녁 이후 어두워진 길을 가다 보면 전봇대 아래를 지날 때마다 쓰레기 무단 투기를 하지 말라는 경고 방송도 나온다. 자주 이용하는 길이면 오가는 길에 계속 듣게 되는데 좀 짜증이 날 정도이다.

2020년 초에 앞서와 같은 사소한 것과는 차원이 다른 충격도 있었다. 한 공중파 방송에서 'VR 특집 휴먼 다큐멘터리'를 방영했다. 어린 딸을 먼저 하늘로 떠나보낸 어머니가 가상 현실로 들어가서 3차원 그래픽으로 구현된 딸을 만나 대화도 하고 함께 시간을 보내는 내용이었다. 예고편이 공개되었을 때부터 찬반 논쟁이 치열했던 프로그램이었는데, 본 방송을 보고 난 이들의 댓글은 눈물을 멈출 수 없었다는 내용 일색이었다. 반대하는 의견도 꽤 있었지만 이렇게라도 보고 싶은 부모나 자식을 다시 만날 수 있으면 좋겠다는 사람도 많았다. 혈육을 잃은 상실감을 조금이나마 달랠 수 있는 새로운 힐링의 가능성이 보이는 동시에 민감한 개인 정보라는 생각도 들었다.

인간 노동을 대신하는 로봇을 포함한 포괄적인 기계세 도입에 관한 정책 연구는 우리 국회에서도 진행 중이지만, 그와 함께 인공지능 로봇이 개입될 여러 상황들에 대한 법적·제도적 준비도 서둘러야 하지 않을까 싶다. 영화 속 철거 로봇처럼 기득권층의 더러운 손 역할을 해서도 안 되고, 가상 현실 접속 과정에서 개인 정보 및 개인 콘텐츠의 저작권도 보호해야 한다. 우리 아이들 세대를 위해서라도 차근차근 착실하게 대비할 필요가 있다.

　사실 로봇과 인공지능은 SF의 단골 소재로 각각 미래 과학 기술의 하드웨어와 소프트웨어를 대표한다. 예전부터 SF에서는 이 두 가지가 결합된 상태를 전제로 이야기들을 생산해 왔는데, 현실에서는 로봇이라는 외형에 주로 초점이 맞추어져 기계 공학적 접근론이 우세한 경우가 많았다. 그러다가 21세기로 접어들어 컴퓨터 과학이 비약적으로 발전하면서 인공지능 분야의 비중이 커지게 되었다. 이제 멀지 않은 미래에 인간형 로봇(휴머노이드)이 일상에서 점점 많은 비중을 차지하게 될 것이다. 이 같은 로봇과 인공지능, 그리고 사이보그 분야까지 아우르는 매우 생생한 전망이 이미 90여 년 전에 등장했다. 1927년 영화 <메트로폴리스Metropolis>에 등장하는 로봇 마리아는 이미 지적 측면에서 사실상 그 뒤에 나온 모든 로봇과 인조인간 설정들의 원조이자 그 자체로 결정판이라 할 수 있다. 휴머노이드 타입의 세련된 로봇 디자인에서 시작하여 인간과 구별되지 않는 인조인간의 활동까지 모든 로봇 담론의 원형이 담겨 있어서 지금의 기준으로 봐도 낡은 느낌이 나지 않는다. 게다가 로봇을 만드는 과정에서 살아있는 인간으로부터 정보를 추출하는 과정도 묘사되기 때문에 사이보그 이론과 관련된 내용까지 논의할 여지가 있다. 이 작품은 당시로서는 과학 기술적 실현 가능성이 전혀 없고 이론적 뒷받침도 희박한 상황에서 순수하게 SF의 상상력을 고도로 발휘한 놀라운 걸작이다.

1927년 영화 <메트로폴리스>에서 등장하는 로봇 마리아의 모습.
로봇 마리아는 이후 등장하는 모든 로봇과 인조인간 설정의 원조이자
그 자체로 결정판이라 할 수 있었다.

인공지능 분야에서 설계의 기본적인 지침이 될 내용은 SF
작가 아이작 아시모프Isaac Asimov가 1940년대에 로봇 소설들을
발표하면서 처음 제시했다. 명칭은 '로봇 3원칙'이라고 알려져
있지만 엄밀히 따지면 소프트웨어인 인공지능의 윤리 규범에
해당된다. 이 법칙은 다음과 같다.

1. 로봇은 인간에게 해를 끼치거나 인간이 위험해지는 상황을 방관해서는 안 된다.
2. 로봇은 1법칙을 거스르지 않는 한 인간의 명령에 복종해야 한다.
3. 로봇은 1, 2법칙을 거스르지 않는 한 스스로를 보호해야 한다.

위 법칙들은 일본의 어느 SF 팬이 '가전 제품의 3법칙'으로 다시 정리했다고 하는데, 사실 모든 기계공학에 원용될 수 있는 일반 원리이기도 하다.

1. 위험하지 않다.
2. 사용법이 어렵지 않다.
3. 튼튼하다.

아시모프의 로봇 3원칙은 일상에 바로 적용할 수 있는 컴퓨터 프로그램으로 구현하려면 앞으로도 상당한 시간이 필요하겠지만, 인간과 유사한 사고 기능을 지니는 인공지능을 디자인할 때 중요한 기준이 될 것이다. 영화 <바이센테니얼 맨>은 이 법칙을 가장 잘 묘사한 작품 가운데 하나다. 특히 고도의 인공지능 로봇이 사회에서 법적으로 어떤 대우를 받아야 하는가에 대한 문제를 탐구한 점이 돋보인다.

영화 <인터스텔라>에 등장하는 로봇 '타스TARS'는 인간에게 익숙한 모습의 휴머노이드 타입이 아니라 직사각형 막대들이 나란히 붙어 있는 파격적인 외형으로 관심을 끌었다. 게다가 평소에는 접합부의 이음매도 잘 눈에 띄지 않을 정도로 매끈한 평면으로만 보이기 때문에 다양하고 섬세한 동작이 가능한 로봇이라고 알아차리기 어려울 정도이다. 아마 로봇 디자인에서 미니멀리즘이 가장 높은 수준으로 구현된 예일 것이다.

미니멀리즘 디자인은 사실 유지나 보수에 유리하다는 것 외에도 장점이 적지 않다. 그래서 로봇의 외형으로서 실용적 관점에서 검토할 가치가 있다. 1977년 영화 <악마의 씨Demon Seed>에는 피라미드 모양의 삼각형 입방체들이 연결된 모습의 로봇이 나온다. 사실 로봇이라기보다는 영화 속 인공지능인 프로테우스의 수족과 같은 만능 조작 단말manipulator에 가깝긴 하다. 하지만 아마 <인터스텔라>의 타스와 함께 SF 영화사에서 극도의 기하학적 단순미를 띤 로봇 디자인의 대표적 사례일 것이다. 이밖에 <스타 워즈>에 등장하는 R2-D2도 미니멀리즘 디자인이 적용된 예로 볼 수 있다.

영화 <악마의 씨>는 로봇, 또는 인공지능의 조작 단말 장치라는 하드웨어 못지않게 인공지능 컴퓨터 그 자체의 SF 레퍼런스로 참고할 만한 작품이다. <매트릭스>나 <터미네이터> 시리즈처럼 호모 사피엔스를 말살하려는 인공지능 컴퓨터는 SF에서 자주 등장하는데, <악마의 씨>는 1970년 영화인 <콜로서스Colossus:The Forbin Project>와 함께 고도의 사고 연산이 가능한 인공

2014년 영화 <인터스텔라>에서 등장하는 타스의 한 장면.
사람과 비슷한 휴머노이드 타입이 아니라 직사각형 막대들이
나란히 붙어 있는 다소 파격적인 모습이다.
하지만 영화 속에서 휴머노이드 못지 않게 다양하고 섬세하게 동작했다.

지능 슈퍼컴퓨터가 인간에게 어떻게 위협이 될 수 있는지를 드라마틱하게 잘 묘사했다. 인공지능 연구자들에게 반면교사의 텍스트로 읽힐 만한 작품이다.

지금 현재의 소프트웨어 인공지능 기술 수준에서 가장 실질적으로 참고할 만한 작품 중의 하나는 테드 창Ted Chiang의 SF소설『소프트웨어 객체의 생애 주기The Lifecycle of Software Objects』를 들 수 있다. 인공지능이 로봇 외피를 다양하게 선택할 수 있고, 학습을 통해 인격적 성숙을 이뤄 나가며, 궁극적으로 사회에서 독립적인 법인격으로 인정받을 가능성까지 섬세하게 탐구한 작품이다. 아마 현재의 인터넷 환경 및 HCIHuman-Computer

Interaction 전망에 가장 부합하는 시나리오를 담고 있다고 봐도 좋을 것이다.

영화 <블레이드 러너>에 등장하는 인조인간 리플리컨트의 제조 회사인 타이렐 코퍼레이션의 모토는 '인간보다 더 인간적인More Human Than Human'이다. 이 문구는 생각하면 할수록 거대한 함의들이 깃들어 있음을 깨닫게 하는 강력한 철학적 메시지를 담고 있다. 아마 휴머노이드 타입의 로봇이나 고성능 인공지능이 실용화되는 미래의 어느 날, 분명히 이 문구를 실제로 채택하는 회사나 기관이 등장할 것이다.

이 영화에는 실제로 인간과 구별하기 힘들 정도의 매우 정교한 인조인간들이 등장하지만, 실제 미래에서는 이보다는 인간과 기계가 결합된 사이보그 형태의 신인간 유형이 더 개연성이 높은 시나리오일 것이다. 그러한 전망을 잘 담고 있는 작품 중 하나가 <공각기동대>다. <공각기동대>는 원작 만화와 영화, 그리고 텔레비전 애니메이션 시리즈까지 무척 다양한 작품군을 지녔는데 그중에서 텔레비전 시리즈가 여러 다양한 이슈들을 골고루 잘 다룬 편이다. 로봇에 비해 사이보그는 근 미래 전망에서 매우 큰 비중을 차지하고 있으며 별개의 접근이 필요한 분야다.

5. 인간은 과연 사이보그로 진화할까

　20년쯤 전에 어떤 남자가 전 세계에 생방송되는 텔레비전에 나와서 "내가 세상의 왕이다!"라고 외친 적이 있었다. 그때는 좀 건방지다고 생각했는데, 나중에 그가 하는 일들을 보니 정말 그런 말을 할 자격이 있어 보였다. 그는 제임스 캐머런 영화 감독이고, 그가 왕을 자칭한 것은 영화 <타이타닉Titanic>으로 아카데미상 11개 부문을 석권한 수상 소감이었다. 정확히는 <타이타닉>에 등장하는 레오나르도 디카프리오Leonardo DiCaprio의 대사를 인용한 재치 있는 퍼포먼스였다. 이 영화는 20년이 넘은 지금도 세계 영화사상 역대 흥행 3위 자리를 지키고 있다. 당시 캐머런 감독은 보너스만 1억 달러를 받았다. 역대 2위도 그의 영화 <아바타Avatar>이니, 어지간한 왕보다 낫다고나 할까.

　제임스 캐머런이 대단한 것은 영화계 밖에서도 놀라운 모습을 보이기 때문이다. 2012년에 그는 혼자서 잠수정을 타고 지구에서 가장 깊은 바다 속까지 내려갔다. 에베레스트산을 집어넣어도 2,000미터 아래에 잠길 만큼 깊은 1만 893미터의 챌린저 해연Challenger Deep 바닥을 찍고 올라온 것이다. 인류 역사상 달에 발자국을 남긴 사람은 12명이지만 챌린저 해연까지 내려갔다 온 사람은 2018년 기준으로 단 3명밖에 없다. 그는 미항공우주국의 화성 탐사선 자문 회의에 초빙될 만큼 과학 탐험가로도 유명하다. 전문대학을 중퇴하고 한때 거처가 없어 친구 집 소파에서 지내던 사람으로서는 놀랄 만한 인생 역전이 아닐 수 없다.

　캐머런이 1989년에 내놓은 영화 <어비스The Abyss>는 그의 작품치고는 흥행이 신통치 않았지만 오늘날 우리들의 컴퓨터 생활에 지대한 영향을 끼쳤다. 이 영화에는 바닷물이 뱀 모양처럼 솟아올라 둥둥 떠오르더니 사람 앞에서 얼굴 표정을 그대로 흉내 내는 환상적인 장면이 나온다. 지금이야 이 정도는 컴퓨터 그래픽으로 흔하게 볼 수 있지만, 당시에는 마치 현실처럼 생생한 장면으로 큰 화제가 되었다. 이 이미지를 만든 소프트웨어가 바로 오늘날 이미지 편집 프로그램의 지존인 '포토샵'이다. <어비스> 촬영 당시엔 아직 포토샵이란 이름도 붙지 않은 초기 버전이었으나 그 작업을 계기로 명성을 쌓아 훗날 디지털 이미지 편집 분야를 평정하기에 이르렀다.

1989년 영화 <어비스>에서 외계인에 의해 움직이는 물기둥이 사람 얼굴 표정을
흉내 내는 장면. 이 이미지를 만든 소프트웨어가 바로 우리가 흔히 사용하는
포토샵의 초기형이다.

<어비스>에 숨어 있는 또 다른 일화는 바로 '액체 호흡' 장
면이다. 수압이 높은 심해 잠수를 위해 군인들이 특수 용액을
선보이는데, 시범을 보인다며 쥐 한 마리를 용액 속에 빠뜨려
버린다. 지켜보던 사람들은 당연히 익사할 줄 알고 기겁하지만,
쥐는 용액 속에서 한동안 발버둥 치다가 차츰 호흡하며 안정을
되찾는다. 이 장면은 트릭이 아니라 실제 상황을 그대로 찍은
것이다. 심해에서는 수압 때문에 인간의 폐가 짜부라져서 잠수
를 할 수 없지만, 만약 폐 속이 기체가 아닌 액체로 채워져 있다
면 수압의 균형이 맞아 잠수가 가능하다. 문제는 숨을 쉴 수 있
는 액체가 과연 있느냐는 것이다. <어비스>는 바로 그 답을 시

영화 <어비스>에서 쥐가 액체 호흡하는 장면.
이 장면은 컴퓨터 그래픽이 아닌 실제로 촬영한 영상으로 물속에서도 호흡을 할 수
있도록 해 주는 퍼플루오로데칼린이라는 물질이 사용되었다.

연으로 보여 준 것이다.

이 용액은 퍼플루오로데칼린Perfluorodecalin이라는 물질로 공기 중의 농도와 비슷하거나 더 많은 비율로 산소를 품고 있다. 그런데 이 용액은 포유류의 폐 속에 들어가면 기체 상태인 공기와 마찬가지로 이산화탄소와 산소의 교환 작용이 이루어진다. 즉, 숨을 쉬는 것처럼 산소를 빨아들이고 이산화탄소를 내뿜는 호흡 작용이 가능하다. 그래서 <어비스>에 나오는 주인공은 이 물질을 가지고 심해 잠수를 해서 마침내 외계 존재와 조우하게 된다. 물론 영화 속에서 배우가 실제로 이 용액을 쓴 건 아니다.

이런 물질이 널리 알려지지 않은 까닭은 인공 혈액용 재료 등 용도가 제한되어 있기도 하지만 아직 인체 실험을 통해 안전

성이 완전히 입증되지 않았기 때문이다. 사실 액체 호흡은 심해 잠수뿐만 아니라 우주여행에서도 유용한 기술이 될 수 있어서 의학계에서는 예전부터 연구해 왔던 분야이다. 우주선 탑승자들은 로켓이 가속 운동을 할 때 중력의 몇 배나 되는 압력을 견뎌야 하지만, 액체 안에 잠겨 있으면 충격이 완화되어 훨씬 편안하다. 애니메이션 <신세기 에반게리온新世紀エヴァンゲリオン>에 나오는 'LCL'용액이 정확히 이런 효과를 잘 묘사하고 있다. 어쩌면 <어비스>에서 암시한 것처럼 미국을 포함한 일부 나라에서는 비공개로 연구와 실험을 진행해서 이미 군용 장비로 갖추고 있을 가능성도 있다.

액체 호흡을 연구하는 이유는 결국 극한 환경에서도 인간이 정상적으로 활동할 수 있는 방법을 찾기 위해서다. 그렇다면 발상을 좀 바꿔서, 인간의 몸을 환경에 맞게 개조해 버리면 어떨까? 그러자면 인간의 몸에 뭔가 인공적인 장치를 더해야 할 것이다. 예를 들어 어류처럼 물속에서도 숨을 쉴 수 있는 인공 폐를 단다거나, 원래 근육보다 몇 배의 힘을 낼 수 있는 기계 팔을 붙이거나, 기온이나 습도 등이 혹독해도 견딜 수 있는 나노 피부를 부착하는 일 등이 필요하다.

바로 이것이 인간과 기계의 결합인 '사이보그'다. 사이보그는 별로 낯설지 않은 용어지만 사실 단어 자체는 1960년에 처음 탄생했다. 시작은 인간이 우주 공간에서 활동해야 할 경우 신체 개조를 통해 환경에 적합한 특성들을 인공적으로 갖추게 한다는 발상이었다. 물론 SF에서는 그보다 훨씬 전부터 나왔

던 아이디어이다. 그런데 21세기 들어서 사이보그는 '포스트휴
먼', 즉 인간의 미래상과 관련해서 매우 의미심장한 관심의 대
상으로 떠오르고 있다.

　호모 사피엔스는 현재의 모습이 진화의 완성형일까? 생물
학적으로 우리는 장차 어떤 모습으로 진화해 갈까? 여러 가지
시나리오들이 있지만, 현재 가장 유력한 것은 컴퓨터와 결합하
여 사이보그로 변화해 나갈 가능성이다. 그렇게 되면 더 이상
호모 사피엔스가 아닌 다른 이질적인 무엇이 되겠지만, 인간의
원초적인 욕망은 그런 방향으로 강력하게 이끌 것이다. 그 욕망
이란 다름 아닌 생과 사를 초월하겠다는 의지인데, 사이보그야
말로 그 의지에 가장 부합하는 존재이다.

6. 인간과 기계가 결합된
사이보그 네트워크

　'사물 인터넷IoT'이라는 말이 널리 쓰이기 시작한 것은 그리 오래되지 않았다. 1999년 다보스 세계경제포럼에서 선 마이크로시스템즈의 공동 창립자 빌 조이Bill Joy가 'D2D', 즉 'Device to Device' 커뮤니케이션이라는 내용을 발표했고, 같은 해에 MIT의 Auto-ID 센터에서 'Internet of Things'라는 개념을 널리 퍼뜨렸다. 이곳은 원래 RFID(무선 인식 기술)를 연구하던 곳이다.

　사물 인터넷이란 간단히 말해서 무생물 장치들이 네트워크로 연결되어 서로 정보를 주고받는 환경을 말한다. 여기서 주목해야 할 점은 인간의 의지와는 상관없이 사물들끼리 정보 통

연극 「로섬의 만능 로봇」에서 세 로봇이 등장하는 장면(위)과
3막 끝장면에서 공장을 부수는 로봇(아래)

신을 하면서 때로는 인간에게 중대한 영향을 미칠 수 있는 의사
결정과 실행을 할 수 있다는 것이다. 그리고 사물 인터넷에 적
용되는 인공지능 기술이 발전할수록 인간과 비인간의 구별이
모호해져서, 때로는 '지금 나와 대화하는 상대방이 사람인가,
아닌가?' 하고 의아해하는 상황이 생길 것이다.

　비록 용어 자체의 역사는 채 20년이 안 되었지만 사물 인
터넷과 같은 개념의 미래 전망은 오래전부터 등장했다. 전형적
인 설정은 사물 인터넷이라는 수단을 이용해 인간과는 완전히

독립적인 집단을 이룬 인공지능을 가진 로봇들이 인간들에게 위협적인 태도로 다가온다는 것이다. 단순히 인간들에게 반란을 일으키는 로봇 집단에 대한 묘사는 1920년에 나온 체코 작가 카렐 차페크Karel Capek의 희곡「로섬의 만능 로봇Rossum's Universal Robots」에도 등장한다. 그러나 이 작품은 로봇들끼리의 정보 통신이라는 기술적 측면보다는 사회 비판을 위한 풍자적 성격이 강하다.

강렬한 주제와 함께 사물 인터넷이라는 기술적 부분에도 어느 정도 디테일한 묘사를 할애한 선구적인 작품으로는 1967년의 미국 영화 <대통령의 정신분석가The President's Analyst>를 들 수 있다. 신랄한 풍자를 담고 있는 블랙코미디인 이 영화는 온갖 정치, 경제, 외교적 부조리와 음모들을 우스꽝스러운 톤으로 그리고 있는데, 작품 마지막에 가서야 드러나는 흑막은 지금 보아도 대단히 의미심장하다. 이 영화에서는 모든 인간들의 두뇌 속에 이식해 넣을 수 있는 초소형 정보 통신 기기가 등장한다. 이것이 이식된 인간은 더 이상 이름이 아닌 번호로 식별을 하게 되며, 전선이 필요 없는 무선 통신으로 서로 소통한다. 오늘날의 인터넷이나 스마트폰에 대한 대단한 선견지명인 셈이다. 그런데 이걸 기획한 거대 통신 회사의 간부들은 사실 인간이 아닌 로봇이라는 암시로 이야기가 끝나고 있다.

사물 인터넷의 궁극적인 묵시록은 아마도 미국 드라마 시리즈 <배틀스타 갤럭티카Battlestar Galactica>의 기본 설정에서 찾을 수 있을 것이다. 1978년에 처음 방송된 이 드라마는 2004년에

미국 드라마 시리즈 <배틀스타 갤럭티카>에 등장하는 사일런 중에서 센츄리온
모델. 인간형 사일런과 달리 한눈에 봐도 로봇임을 알 수 있다.

리메이크되면서 많은 인기를 끌었는데, 인간을 멸망 직전으로 몰아넣는 '사일런Cylon'이라는 세력을 인간과 함께 2대 주인공 중 하나로 묘사하고 있다. 그런데 사일런의 정체는 다름 아닌 인간이 만들어 낸 로봇 문명이다. 다만 1978년의 오리지널 시리즈에서는 외계인이 보낸 로봇으로 설정되어 있다.

사일런 중에서 센츄리온은 한눈에 봐도 금속으로 만들어진 로봇이지만 인간형 사일런은 겉보기에 인간과 전혀 구별되지 않는다. 그러다 보니 인간들은 그들과의 전쟁에서 무척 애를 먹는다. 인간형 사일런은 인간과 같은 유기 생체 조직으로 구성되어 있고 고도의 정신 활동이 가능해서 감정도 느끼고 신앙까지 있다. 이런 일이 가능한 이유는 원래 사일런의 시초가 인간의 아바타 정보를 이식하여 만들어진 로봇이었기 때문이다.

<배틀스타 갤럭티카> 시리즈는 본편 외에 극장판이나 외전 등을 통해 사이버 스페이스와 아바타, 인공지능, 사물 인터넷 등등 오늘날 실현되고 있는 모든 정보 통신 기술의 미래 가능성들을 폭넓게 다루고 있으며 그 모든 것은 인간과 구별되지 않는 인간형 사일런으로 집약되어 묘사된다. 자신의 창조주인 인간처럼 감정과 신앙까지 지닌 이 로봇들의 사회야말로 사물 인터넷 환경이 인공지능 로봇과 결합되어 나타날 수 있는 가장 궁극적인 형태라 할 수 있다.

이외에도 사물 인터넷이 인공지능의 명령에 충실하게 따르면서 인간을 위험에 몰아넣는 장면의 단편적인 시퀀스는 여러 작품에서 볼 수 있다. 1968년에 나온 전설적인 SF 영화

<2001 스페이스 오디세이>에는 인공지능 컴퓨터 HAL 9000이 우주선 승무원을 죽음으로 몰아넣는 장면에서 우주선 내의 여러 기계들을 사물 인터넷을 이용해 통제한다. 한편 오시이 마모루 감독의 <공각기동대>와 후속 텔레비전 시리즈 및 극장판 등에서는 사물 인터넷의 네트워크에 인간까지 편입된 다양한 상황을 보여 주고 있다.

도나 해러웨이가 1985년에 쓴 유명한 논문 「사이보그 선언」에서 "현대 문명은 인간과 기계가 결합된 거대한 키메라이자 사이보그이다"라고 설파했던 것처럼, 사물 인터넷의 미래는 결국 인간과 컴퓨터가 결합되어 전혀 새로운 네트워크적 세계로 재탄생한다는 시나리오로 전망할 수 있을 것이다. 많은 과학기술자들이 얘기하는 '기술적 특이점'도 바로 이런 맥락과 맞닿아 있다.

7. 90년 전, 로봇은 어떻게 우리에게 왔는가

대중문화에서 대표적인 캐릭터 가운데 하나인 휴머노이드 타입의 로봇은 우리 문화에 어떻게 수용되어 왔을까. 사람 모양으로 생겼으며 저절로 움직이는 장치를 로봇이라 부른다면 옛날에도 로봇은 있었다. 일찍이 중세 시대에도 태엽과 톱니바퀴 등으로 이런 장치를 만들었던 기록이 많이 있다. 이런 것을 자동 인형, 오토마톤automaton이라고 불렀다.

로봇이란 말이 세상에 처음 나온 것은 1920년이다. 체코의 작가 카렐 차페크가 쓴 희곡 「R.U.R.」에서 인조인간을 뜻하는 말로 자신의 형 조세프가 만든 단어 '로봇'을 넣었다. 그 뒤로 서양에서 로봇이란 말이 널리 퍼져 곧 누구나 아는 보통 명사가

1928년 일본 최초의 로봇인 학천칙의 모습

된다. 차페크의 이 희곡은 1925년에 우리나라에도 번역 소개되었다. 로봇이라는 말이 우리 문화에 편입된 것은 그리 늦은 편이 아니었던 셈이다.

그 뒤 '로봇트', 또는 '로보트'라는 말은 신문 등에 심심찮게 등장한 기록이 있으므로 당시 우리나라의 일반 대중들도 로봇의 개념은 물론 그 명칭에도 꽤 일찍부터 익숙해졌다고 볼 수 있다. 특히 프리츠 랑Fritz Lang 감독의 1927년 독일 영화 <메트로폴리스>가 수입되어 1929년에 경성의 극장에서 개봉했는데, 이 작품에 등장하는 여성형 로봇 '마리아'는 관객들에게 정교한 휴머노이드 로봇의 이미지를 잘 각인시켰을 것으로 여겨진다.

1928년에 일본에서는 '학천칙學天則'이란 로봇이 만들어졌다. 아시아 최초의 로봇이라는 말이 있으며, 손을 움직여 글씨를 쓰고 얼굴 표정도 바꿀 수 있었다고 한다. 높이가 3.5미터에 폭이 3미터로 꽤 큰 편이었다. 이 로봇은 1929년 경성에서 개최

된 조선박람회에서도 전시되었으며, 그 뒤 독일에 건너갔다가 분실되었고 설계도도 남아 있지 않다.

1930년에는 미국에서 만들어진 '각본 로봇'에 대한 소개 기사가 사진과 함께 신문에 실렸고, 1932년에도 영국에서 만든 로봇 기사가 신문에 났다. 그러나 그 밖에는 1960년대가 되도록 국내 과학 잡지들을 살펴봐도 로봇이나 인공두뇌 기사가 거의 보이지 않는다. 그 이유의 상당 부분은 1957년에 옛 소련이 세계 최초의 인공위성인 스푸트니크를 쏘아 올렸기 때문이다. 세상은 순식간에 '우주 시대'의 열풍에 휩싸였던 것이다.

이 시기를 전후해 나온 과학 잡지들을 살펴보면 우주 항공 공학과 천문학, 생물학, 생활 과학 등의 분야가 대부분이며 인공지능 이야기나 로봇을 표제로 다룬 기사는 놀랍게도 전혀 없다시피하다. 반면에 만화나 SF 소설 등에는 로봇이 심심찮게 나온다. 즉, 1960년대까지만 해도 로봇이란 어디까지나 문화적 소비의 대상이었지 과학 기술의 실질적 주제는 아니었다.

일본의 대표적인 로봇 캐릭터인 '우주소년 아톰'은 1952년에 만화가 데즈카 오사무에 의해 처음 탄생했다. 원작 만화나 텔레비전 애니메이션 시리즈 모두 우리나라에도 소개되어 큰 인기를 끌었으며, 로봇이 친숙한 캐릭터로 자리 잡는데 커다란 기여를 했다.

1960년대에 접어들면서 미국에서 세계 최초로 산업용 로봇이 생산되기 시작했고, 또한 컴퓨터 산업도 점점 발달하면서 전자계산기, 더 나아가 인공두뇌에 대한 연구가 갈수록 주목을 받

스위스의 CIMA 박물관에 있는 오토마톤

기 시작했다. 이즈음부터는 대중문화가 아닌 과학 기술적 전망으로서 인공지능 로봇의 가능성에 사람들이 관심을 갖게 된다.

현재 한국의 '휴보'나 일본의 '아시모' 등 휴머노이드 타입의 로봇은 더 이상 SF가 아니라 현실에 존재하는 살아 있는 과학 기술이다. 또한 이런 로봇들의 두뇌가 되는 인공지능 컴퓨터도 나날이 발전 속도를 더해 가고 있다. 그런데 이 모든 발전은 불과 최근 30여 년 사이에 급속히 이루어진 것이다. 그 이전까지 로봇이나 인공지능은 현실의 과학 기술보다는 과학적 상상력, 즉 SF의 주제로서만 수용되었다. 로켓이나 우주선 같은 거대 장치 과학이 상대적으로 역사는 길어도 아직까지 우리 일상의 차원으로 편입되지는 못한 반면, 로봇과 인공지능 기술은 비록 출발은 늦었어도 빠르게 우리 생활의 일부가 된 것이다. 이러한 사실은 20세기에서 21세기로 넘어 온 인류의 과학 문화사에서 두드러지는 하나의 특징이라 보아도 무방할 것이다.

IV

휴먼을 둘러싼
엉뚱하고 흥미로운
미래 보고서

1. 인공동면은 왜 SF에만 나올까

　태양계에서 화성보다 더 먼 곳, 예를 들어 생명체가 있을 가능성이 점쳐지는 목성의 위성인 유로파나 토성의 위성인 타이탄까지 가려면 비행 시간만 몇 년이 걸린다. 사실 지구와 가장 가까운 화성까지 우주선을 타고 가는 것도 여러 가지 어려움이 따른다. 단순히 우주선을 크게만 만들어서 해결될 일이 아니다. 뭔가 근본적인 대책이 필요하다. 그게 뭘까? 바로 인공동면이다.

　SF에는 우주선 승무원으로 동물이 심심찮게 등장한다. 아서 클라크의 장편소설 『라마와의 랑데부』에는 침팬지가 보조

승무원으로 훌륭하게 제 몫을 하며, 데이비드 브린David Brin의
『떠오르는 행성Startide Rising』에서는 우주선 선장이 돌고래이다.
그 밖에 오징어가 우주 비행사로 등장한 작품도 있었는데, 손이
많아서 조종간을 능숙하게 조작할 수 있다는 이유였던 걸로 기
억한다. 요즘 같으면 차라리 인공지능에게 맡기는 게 더 낫지
않을까 싶기도 하다.

좁은 우주선 안에 오랫동안 갇혀 있으면 승무원들끼리 서
로 부대끼는 문제도 있고, 먹을 식량이며 물을 넉넉히 싣는 것
도 큰일이다. 어쩌면 유전자 조작으로 지능을 높인 곰을 승무원
으로 태우고 가는 편이 나을지도 모른다. 곰은 겨울잠을 자니까
먹이를 적게 실어도 되고 인간 승무원과 마찰을 일으킬 위험도
없다. 물론 곰을 똑똑하게 만드는 것보다는 인간이 인공동면에
들어가는 쪽이 훨씬 쉬울 것이다.

여기서 한 가지 유의해야 할 점은 인공동면과 냉동 보존을
구별해야 한다는 것이다. 인공동면은 체온이 아주 낮아져서 최
소한의 신체 신진대사만을 유지하는 상태를 말한다. 이걸 하이
버네이션hibernation이라고 하는데, 아마 낯익은 용어일 것이다.
맞다. 컴퓨터의 최대 절전 모드를 가리키는 것도 바로 이 단어
다. 그러니까 인간의 인공동면은 컴퓨터의 최대 절전 모드와 마
찬가지로 최소한의 에너지만 소비하는 신체 상태를 뜻한다.

반면에 냉동 보존이란 글자 그대로 몸을 얼려서 보관하는
것이다. 1998년 영화 <로스트 인 스페이스Lost In Space>에는 장거
리 우주여행을 떠나기 전에 탑승자들이 순식간에 냉동되어서

알코어 재단에서 환자를 보관하는 데 사용하는 전용 용기.
섭씨 −196도의 액체 질소를 사용하며 전력을 소비하지 않는 절연 용기다. 또한
증발하는 소량의 액제 질소는 주기적으로 첨가된다.

꽁꽁 어는 장면이 나온다. 그런데 진짜로 이런 방법을 써도 될까? 물은 액체일 때보다 고체 상태, 즉 얼음이 되면 부피가 늘어난다. 따지 않은 병 음료수를 냉동 칸에 넣어 두었다가 깨져 버린 경험이 한 번씩은 있을 것이다. 마찬가지로 인간의 몸을 그대로 급속 냉동시켰다가는 세포 내의 수분이 얼면서 세포벽을 다 찢어 버릴 것이다. 당연히 다시 깨어나기는 어렵다고 봐야 한다.

미국의 알코어 재단Alcor Life Extension Foundation에서는 인간을 냉동 보존하는 사업을 하고 있다. 불치병에 걸려 사망한 사람의 신체를 보존했다가 먼 훗날 의학 기술이 발전하면 다시 건강하게 되살린다는 것인데, 이들은 혈액을 모두 빼낸 뒤 일종의 부동액 같은 성분을 대신 넣는다. 이렇게 신체를 온전히 보존하는 것 자체는 기술적으로 가능해 보이지만, 과연 그들이 미래에 다시 살아날 수 있을지는 별개의 문제이다.

아무튼 알코어 재단의 냉동 신체들이야말로 인공동면이 왜 아직까지 현실에서 가능하지 않은지를 보여 주는 일종의 반례反例이다. 이들은 일단 사망 선고를 받은 사람들이기에 냉동 보존이라는 실험적 기술의 대상이 될 수 있다. 반면에 인공 동면은 살아 있는 사람을 대상으로 적용하려는 기술이다. 그렇다면 인공동면 실험을 하는 과정에서 영영 깨어나지 못하는 사람이 나오면 어떻게 해야 할까? 비윤리적 과학 실험으로 엄청난 비난을 받는 것은 물론이고 과실치사로 사법적 재판을 받을 가능성이 높다. 혹시라도 누군가가 불순한 의도로 실험 기회를 악용하는 반인륜적 범죄의 우려도 없지 않다. 아무리 피실험자 본인의 동의를 받는다고 해도 현재의 과학 연구 윤리로는 용납할 수 없는 것이다.

저체온 요법 자체는 사실 지금도 의학에서 시행되고 있는 기술이다. 심장이나 뇌 등 중요한 수술을 할 때에 인위적으로 체온을 낮춰 신체의 신진 대사량을 줄이면 산소 소비량도 줄고 외부 자극에 대한 스트레스도 덜 받아서 수술이나 치료를 받기에 훨씬 좋은 상태가 된다. 그러나 이런 저체온 요법은 현재 아무리 길어도 사흘 정도가 한계이며 몇 주나 몇 달 동안 지속되는 것은 아니다. 한마디로 인공동면이라고 부르기에는 아직 부족하다.

현재 미항공우주국에서는 화성행 우주선의 탑승자들이 인공동면에 들어갈 수 있는 기술 연구를 지원하고 있다. 2~3주 동안 겨울잠과 같은 상태에 들었다가 다시 서서히 회복하며 깨어난 뒤 일정 기간을 지내고는 다시 동면에 드는 것을 반복한다는 것인데, 이 연구도 결국은 인체 실험이 관건이다. 저체온 수면 상태로 인간이 얼마나 오랫동안 있을 수 있는지, 연구 윤리에 저촉되지 않는 방법으로 실험할 수 있는지가 문제다.

이렇듯 인체 실험과 관련된 윤리 문제 때문에 이론적으로는 별 문제가 없어 보이지만 현실에서 구현하기는 힘든 경우가 적지 않다. 앞서 영화 <어비스>에서 사용했던 액체 호흡과 관련된 퍼플루오로데칼린의 임상 실험도 이에 해당한다.

2. 특이점이 오면
세상은 어떻게 바뀌나

밴드 음악을 하면서 키보드를 맡은 사람이라면 신디사이저 중에서 '커즈와일kurzweil 제품을 알 것이다. 야마하나 롤랜드, 코르그가 세계 키보드 시장을 점유하고 있지만, 커즈와일은 1983년에 독보적인 기술력을 보여 주며 혜성처럼 나타나서 핑크 플로이드Pink Floyd나 장 미셸 자르Jean Michel Jarre, 드림 시어터 Dream Theater 같은 세계적인 뮤지션들이 이용한 바 있다. 신디사이저는 흔히 전자음악을 대표하는 악기로 알려져 있으나 피아노 등 아날로그 악기들의 소리도 거의 그대로 만들어 내는데, 합성된 기계음의 수준을 벗어나지 못하던 다른 제품들과는 달리 커즈와일은 처음 세상에 나왔을 당시 깜짝 놀랄 만한 완성도

컴퓨터 과학자이자 미래학자인 레이 커즈와일은 매우 적극적인 특이점주의자로 2045년이 되면 인간과 컴퓨터가 결합해 영생을 누릴 수 있을 것이라 전망한다.

로 피아노 음색을 재현해서 화제가 되었다.

　이걸 만든 사람이 음원 칩을 독자적으로 개발한 레이 커즈와일Ray Kurzweil이다. 그런데 그는 음악가가 아니라 컴퓨터 과학자이자 미래학자이다. 커즈와일은 전자 악기 회사 지분을 한국의 영창악기에 매각한 뒤 인공지능 및 포스트휴먼, 즉 인간의 미래상에 대한 저작들을 연이어 내면서 지금은 특이점 이론의 대가가 되었다. 특이점이란 '기술적 특이점'을 줄여서 부르는 말인데, 간단히 말해서 과학 기술의 발전이 계속되면 어느 순간 인류는 그걸 따라 잡을 수 없게 되는 때가 온다는 것이다. 예를 들어 바둑이라는 분야에서 알파고가 인간을 추월했듯이 다른 모든 분야에서도 인공지능이 인간을 압도하게 되면 인류는 더 이상 과학 기술에 대한 통제권을 가질 수 없게 되어, 기계와 결합하는 사이보그가 되느냐 마느냐의 기로에 서게 된다.

이 점에서 커즈와일은 매우 적극적인 특이점주의자이다. 그는 2045년경이면 인간이 기계인 컴퓨터와 결합하여 영생을 누릴 수 있게 될 것이라고 주장한다. 과연 그런 전망이 현실로 나타난다면 세상은 어떻게 바뀔까? 이와 관련해서 SF작가 테드 창이 2000년에 『네이처』지에 발표한 「인류 과학의 진화The Evolution of Human Science a.k.a. "Catching Crumbs from the Table"」라는 단편은 의미심장한 내용을 담고 있다. 이 작품 속 배경이 되는 미래에 우리 구인류는 '메타인류'와 공존하고 있다. 그런데 메타인류의 지적 능력은 우리가 도저히 따라잡을 수 없는 수준이다. 메타인류는 생물학적으로 우리의 후예이긴 하지만 그들의 두뇌는 '디지털 신경전이'라는 기능이 있어서 정보의 습득과 처리를 슈퍼컴퓨터 수준으로 할 수 있다. 세월이 갈수록 우리와 메타인류의 격차는 점점 벌어져서 결국은 문화적으로 사실상 단절되기에 이른다. 우리는 메타인류의 지식이나 기술을 이해조차 할 수 없을 뿐만 아니라 제대로 소통할 수도 없게 된다.

그런 세상이 되면 결국 우리와 같은 구인류는 도태되는 것이 아닌가 하는 불안한 마음이 들 수밖에 없다. 지금 시대에 이른바 컴맹이 제대로 된 사회생활을 하기가 힘든 것처럼, 특이점이 온 뒤에 구인류의 안위가 어떻게 될지는 사실 아무도 모른다. 그래서 커즈와일을 비롯한 여러 특이점주의자들은 미리 그런 상황을 대비해서 관련 법안이나 제도를 마련해야 한다고 주장한다.

하지만 특이점 이론 그 자체에 회의적인 사람들도 많이 있다. 모든 게 다 관련 학계와 업계의 홍보 마케팅일 뿐이라는 극단적인 비판도 있고, 설령 특이점이 온다 하더라도 앞으로 몇백 년은 지난 뒤일 것이라는 전망도 있다. 인간이 사이보그화되는 과정에서 필연적으로 대두되는 과학 윤리 문제라든가 사회의 보수적 관성 등을 감안하면 신인류의 탄생 과정이 매끄럽지만은 않을 것이다. 아무튼 21세기가 끝날 즈음에는 세상의 모습이 지금과는 많이 달라져 있을 가능성이 높다.

인간이 사이보그가 된다면 사실상 불사신이나 마찬가지가 된다. 이미 영화에서는 불사신이 된 인간 이야기를 많이 다룬 바 있다. <맨 프럼 어스The Man from Earth> 역시 그러한 영화 가운데 하나다. 이 영화는 2007년 미국에서 발표된 저예산 독립영화로 유통 과정에서 상당히 이례적인 현상을 일으킨 것으로 유명하다. 몇몇 극장에서만 제한적으로 상영된 뒤에 곧장 DVD로 출시되었는데, 무단 복제된 파일이 인터넷에 퍼지면서 사람들 사이에 입소문이 돌더니 점점 작품의 인지도가 올라간 것이다. 급기야는 영화 제작자가 파일 공유 사이트 이용자들에게 "여러분들 덕분에 작품이 유명해져서 고맙다"는 감사 인사까지 내놓았다.

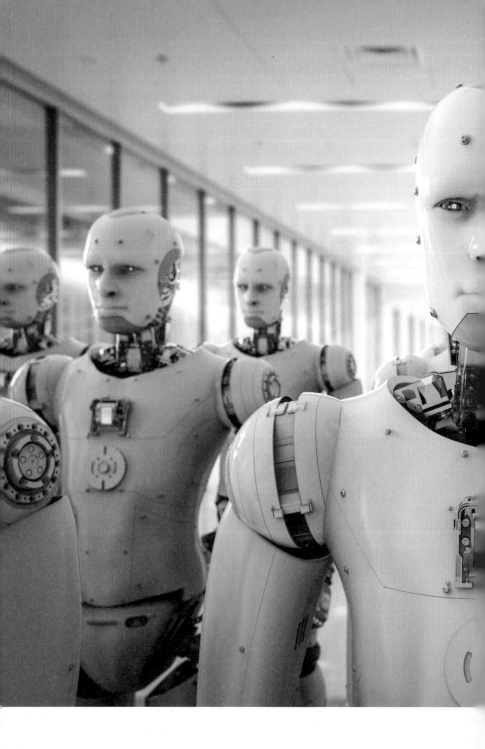

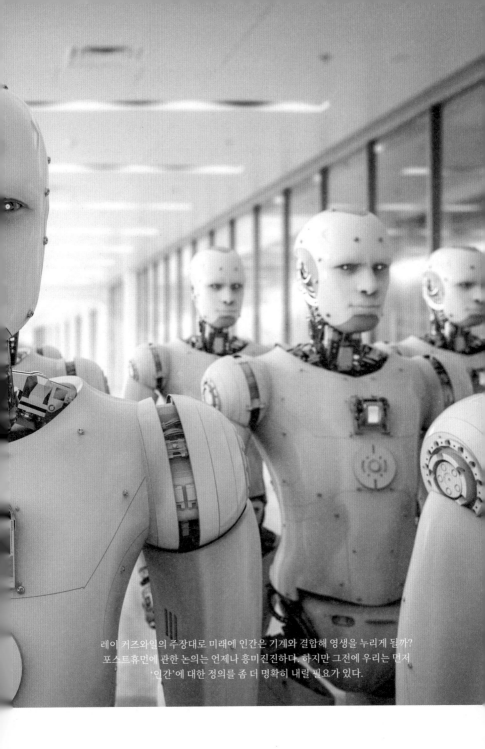

레이 커즈와일의 주장대로 미래에 인간은 기계와 결합해 영생을 누리게 될까? 포스트휴먼에 관한 논의는 언제나 흥미진진하다. 하지만 그전에 우리는 먼저 '인간'에 대한 정의를 좀 더 명확히 내릴 필요가 있다.

<맨 프럼 어스>의 주인공은 어느 지방 대학교의 중년 교수다. 그가 학교를 그만두고 다른 곳으로 이사를 가게 되자 동료 교수들이 그의 집에서 환송 파티를 한다는 것이 주된 줄거리다. 주인공은 참석자들로부터 떠나는 이유가 무엇인지를 계속 추궁받자 자신이 나이를 먹지 않기 때문에 10년마다 거처를 옮겨야만 한다고 대답한다. 원시 시대였던 14,000년 전부터 지금까지 계속 살아왔다는 것이다. 동료들은 재밌는 농담으로 받아들이면서 그가 쓴 책이나 지나온 삶의 이야기에서 꼬투리를 잡는 식으로 장단을 맞추려 하지만, 그때마다 그가 내놓는 답은 막힘이 없고 설득력도 있다. 사람들의 표정은 점점 심각해지기 시작한다.

　　『추억의 에마논ゆきずりエマノン』도 이와 유사한 작품이다. 이 작품은 일본 작가 카지오 신지의 SF 소설인데 우리나라에는 츠루타 겐지가 각색한 만화로 알려졌다. 이 작품의 주인공인 젊은 여성은 <맨 프럼 어스>보다 훨씬 스케일이 크다. 지구상에 생명이 탄생한 뒤로 수십 억 년에 이르는 기억을 모두 간직하고 있다. 자신의 이름을 '에마논Emanon'이라고 밝히지만, 사실은 영어 'noname'를 거꾸로 한 것이다. 에마논은 고유한 이름을 가지는 것조차 덧없다고 여긴다. 그는 <맨 프럼 어스>의 주인공처럼 늙지 않는 육신을 지닌 것이 아니라, 남자를 만나 여자아이를 낳고 그 여자아이가 새로운 에마논이 되어 앞 세대까지의 기억을 고스란히 물려받는 식으로 존재를 이어 간다.

『피터 히스토리아』는 원래 우리나라에서 학습 만화로 기획된 작품인데, 훌륭한 내용을 인정받아 부천만화대상을 수상한 뒤 역사 교양서적의 반열까지 오른 수작이다. 주인공 소년은 기원전의 수메르 문명부터 21세기 현대에 이르기까지 세계사의 굵직한 사건 및 인물들과 현장에서 함께하며 인간과 사회, 역사에 대한 다양한 입장들을 고민하게 된다. 주인공의 꿈 이야기일 수도 있다는 설정상의 여지를 두고 있지만, 불멸의 존재가 등장하는 그 어떤 SF 못지않게 깊은 여운을 남긴다.

문학 작품에서 '불멸의 존재'라는 설정은 매우 긴 역사를 지녔다. 호러 장르를 대표하는 뱀파이어처럼 대부분은 전설 속의 신비롭고 초월적인 캐릭터로 그려진다. 그러나 SF에 등장하는 불사신들은 판타지와 달리 현실적인 설득력을 지녔다. 그 설득력이란 불사신이란 존재가 어떻게 과학적으로 가능한지 설명하는 것이 아니라, 그들의 시야를 통해 인류와 세상을 생생하게 관조하는 데서 얻어진다. 그들의 입장에서 볼 때 인간의 일생이란 늘 덧없이 지나가 버리는 것이다. 정을 주면 주는 만큼 이별의 아픔도 크기에 그들은 가급적 사람들과 거리를 둔다. 그러면서도 그들은 평범한 인간들과 마찬가지로 불멸의 삶이 무슨 의미인지, 왜 우주는 자신과 같은 존재를 낳았는지 궁금해하고 번민한다.

좋은 SF는 항상 독자의 시공간적 시야를 넓혀 주는데, 그 방법론이 되는 설정은 여러 가지가 있다. 가장 대표적인 것이 시간 여행이고, 인간이 아닌 외계의 지적 존재를 등장시켜 우리

스스로를 되돌아보게 만들기도 한다. 그리고 빼놓을 수 없는 또한 가지가 바로 앞서 소개한 불사신, 불멸의 존재다. SF에 등장하는 불멸의 존재들은 항상 우리 같은 보통 인간들보다 더 넓은 관점에서 세계와 우주를 보고, 통찰한 지혜를 전하려 한다. 과학 기술이 발달하는 지금 시대라면 문명의 안정적인 발전을 위해 넓은 시야는 더 시급한 것이다. 그러나 과연 인류가 눈앞의 이익에만 급급한 근시안적 태도를 버릴 수 있을지 의문이다.

로버트 하인라인의 SF 소설 『므두셀라의 아이들*Methuselah's Children*』은 장수하는 인간들이 주인공으로 등장한다. 평균 수명이 유달리 긴 사람들끼리 모인 종족이 과학 기술의 힘까지 보태어 보통 사람들은 상상조차 할 수 없는 몇 백 살의 수명을 누리게 된다. 그러나 그들의 존재가 세상에 알려지자 가혹한 핍박이 뒤따른다. 대다수 보통 인간들이 보인 반응은 다름 아닌 질투와 시기였던 것이다. 적지 않은 동족들이 체포되거나 살해된 상황에서 남은 사람들은 가까스로 우주선을 타고 지구를 탈출한 뒤 새로운 안식처를 찾아 우주 방랑에 나선다. 냉전 시대의 한가운데에서 이 작품을 발표한 SF 작가가 당시의 인류 전체에 던졌던 이 소설 형식의 질문은 과연 21세기인 지금은 어떻게 받아들여질까? 그때나 지금이나 이 질문은 대다수의 시야가 좁은 사람들과 소수의 넓은 시야를 가진 사람들 간의 부조화를 암시하는 것이 아닐까?

3. 과학으로 사후 세계를 밝힐 수 있을까

누군가가 사망하면서 느끼는 모든 감각 정보를 그대로 디지털 정보로 기록한다. 그런 다음 그 기록을 다른 사람의 두뇌에 다시 재생해 주면 어떻게 될까? 이른바 '사후 세계'의 실마리를 잡을 수 있을까? 1983년에 나온 영화 <브레인스톰 Brainstorm>은 이런 발상에서 만들어진 작품이다. 영화에서는 지금처럼 사망하는 사람의 뇌파나 심장 박동 등을 기록하는 것이 아니라 시각, 청각, 촉각, 미각, 후각 등 모든 감각을 매우 높은 해상도로 꼼꼼하게 기록하고 저장한다. 일종의 자기 테이프에 저장된 이 기록은 가상 현실 기기로 다른 사람의 두뇌에 그대로 재생이 가능하다. 머리띠같이 생긴 이 가상 현실 기기는 요즘같

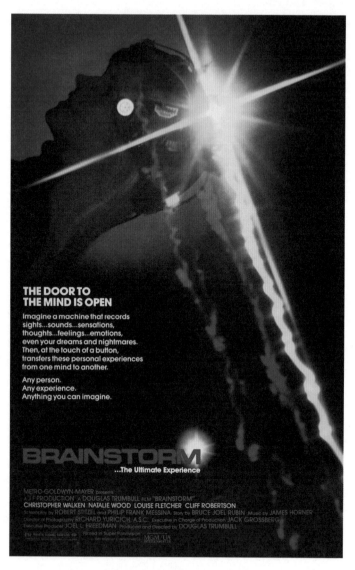

1983년 영화 <브레인스톰>의 포스터.
영화에서는 감각 기록 장치를 통해 사후 세계를 탐구하려는 과학자가 등장한다.
하지만 영화와 달리 아직 사후 세계에 관한 명확한 과학적 증거는 없다.

이 눈을 완전히 가린 채 디스플레이나 스피커를 작동시키는 것이 아니라, 인간의 두뇌 감각 신경 세포로 직접 무선 신호를 쏘는 방식이다.

현재의 과학 기술로는 아직 이 정도 수준의 가상 현실 기기를 만들 수 없다. 두뇌의 신경 세포에 직접 전기 신호를 주는 연구는 활발히 진행되고 있지만, 가상 현실 장치의 제작에 적용하는 단계까지는 가야 할 길이 멀다. 그래서 앞에 서술했던 아이디어를 사후 세계 연구에 적용할 날도 지금으로선 요원하다. 그렇다면 사후 세계를 과학적으로 연구할 수 있는 방법은 달리 없는 것일까?

사실 많은 과학자들은 사후 세계라는 말 자체를 난센스로 받아들인다. 인간이 죽으면 그걸로 끝이며, 영혼이니 유령이니 하는 것들도 실체가 없다는 것이다. 육신의 수명이 다하면 그걸로 생명 현상 역시 중지된다는 유물론적 입장인 셈이다. 지구상에 존재하는 헤아릴 수 없이 많은 생명들, 즉 단세포 생물부터 모든 식물, 동물, 특히 그 수가 많은 풀이나 나무, 곤충 등등에는 모두 영혼이 깃들어 있을까? 전통 신앙이나 종교에서는 그렇다고 믿는다. 하지만 그들이 죽으면 혼이 남아서 사후 세계로 간다는 과학적인 증거는 아직까지 밝혀진 것이 없다.

1990년 영화 <유혹의 선Flatliners>은 사후 세계를 직접 체험해 보겠다는 용감한 의대생들이 주인공이다. 영화에서는 인위적으로 심정지 상태를 만들어 임사 상태에 들었다가 완전히 숨이 끊어지기 전에 다시 되살려 내는 방법을 쓴다. 돌아가면서

영혼의 무게는 21그램이라는 주장을 펼친
덩컨 맥두걸(1911년). 하지만 지금은 과학적인
타당성을 인정받지 못하고 있다.

SOUL HAS WEIGHT, PHYSICIAN THINKS

Dr. Macdougall of Haverhill Tells of Experiments at Death.

LOSS TO BODY RECORDED

Scales Showed an Ounce Gone in One Case, He Says—Four Other Doctors Present.

Special to The New York Times.

BOSTON, March 10.—That the human soul has a definite weight, which can be determined when it passes from the body, is the belief of Dr. Duncan Macdougall, a reputable physician of Haverhill. He is at the head of a Research Society which for six years has been experimenting in this field. With him, he says, have been associated four other physicians.

영혼의 무게는
21그램이라는 기사를
실은 1907년 3월 11일 자
「뉴욕타임스」

그런 경험을 한 뒤 각자 임사 상태에서 겪은 것을 얘기하는 것이다. 그런데 과학적 탐구심의 추구라는 애초의 의도와는 달리 그들은 임사 체험을 겪으면서 트라우마나 과거의 강렬한 기억에 사로잡히게 된다. 그런 상태에서 벗어나기 위해 임사 체험을 반복하지만 오히려 공포는 점점 더 심해진다.

한때 영혼의 무게가 21그램이라는 주장이 있었다. 20세기 초 미국의 의사 덩컨 맥두걸Duncan MacDougall이 임종 전후의 사람 체중을 측정했더니 21그램의 차이가 났다는 실험 결과를 근거로 내세운 것이다. 영화의 제목으로도 채택되었을 만큼 꽤나 널리 알려진 얘기였지만 지금은 전혀 과학적인 타당성을 인정받지 못하고 있다. 측정 방법, 정밀도, 표본의 수까지 무엇 하나 과학적이라고는 할 수 없는 허술한 실험이었던 것이다.

오늘날 임사 체험을 겪은 사람들 상당수가 공통적으로 얘기하는 내용, 즉 터널을 빠져나가는 느낌이라거나 먼저 죽은 친지들이 마중 나온다는 등의 이야기는 죽음을 향해 가던 두뇌에 산소 공급이 희박해지면서 일어나는 일종의 환각이라는 이론이 우세한 편이다. 칼 세이건은 출생 시에 어머니의 자궁을 빠져나온 탄생의 원초적 기억이 되살아나는 것은 아닐까 하는 가설을 내놓기도 했었다. 그런가 하면 하버드대 의대 교수를 지내기도 한 저명한 신경정신과 전문의 이븐 알렉산더Eben Alexander는 수막염으로 의식 불명 상태에 빠졌다가 임사 체험을 한 뒤에 기존의 회의적이던 태도를 바꾼 『나는 천국을 보았다The Map of Heaven』라는 책을 써서 주목을 끌기도 했다.

처음에 소개했던 영화 <브레인스톰>에서 감각 기록 장치를 개발한 과학자는 밤에 혼자 실험실에 있다가 갑자기 심장 마비가 와서 쓰러진다. 숨이 넘어가는 와중에도 투철한 과학자 정신을 발휘해서 자신의 머리에 간신히 기록 장치를 쓰고는 결국 사망하고 만다. 나중에 동료 과학자가 호기심에 그 장치를 자신의 머리에 쓰고 죽은 동료의 사후 세계를 엿보려고 하는데, 심장 마비의 엄청난 통증을 똑같이 느끼고는 쓰러져 버린다. 그와 동시에 그의 시야에 펼쳐진 것은 마치 영혼처럼 보이는 존재들이 줄지어 우주 저편으로 날아가는 듯한 신비롭고 환상적인 장면이었다. 과연 그것은 죽어 가는 사람이 본 환각이었을까, 아니면 우리가 아직 알지 못하는 미지의 실체였을까? 물론 이 경우는 그저 영화적 상상일 뿐이지만 아무튼 '죽음 이후의 세계'는 과학이 명쾌한 증거를 제시하지 않는 한, 앞으로도 오랫동안 논쟁의 대상으로 남을 것이다.

4. 초능력자는
정말 있을까

40대 이상이라면 누구나 기억할 '초능력자'가 있다. 1980년대 중반 우리나라에도 방문해서 엄청난 화제가 되었던 사람, 바로 이스라엘 출신의 유리 겔러Uri Geller다. 쇠로 된 포크를 살살 문지르기만 했는데 완전히 구부러지고, 고장 나서 멈춘 지 오래된 손목시계들을 정신력만으로 다시 가게 만드는 등 당시 전국이 떠들썩했던 기억이 새롭다. 심지어 당시 한국 정부에서 비밀리에 휴전선 지역의 땅굴을 투시해 찾아 달라고 요청했다는 소문까지 돌았다. 그런데 왜 지금 그는 잊힌 존재가 되었을까? 사실은 초능력자라고 거짓말을 하고 다닌 마술사라는 사실이 밝혀졌기 때문이다.

뛰어난 추리 소설 작가이자
요정 및 심령론에 관심을 가졌던
아서 코난 도일(1914년).
그는 1922년 코팅리 요정 사건을
지지하는 글을 발표하였다가
곤욕을 치르기도 했다.
초심리학의 선구자로 불리는
조지프 라인 박사는 아서 코난
도일의 강연을 듣고서 이 분야에
관심을 가지게 되었다.

코팅리 요정 사건을 일으킨 문제의
사진. 아서 코난 도일은 이 사진의
진위 여부를 가리기 위해 당시 유명
필름 회사였던 코닥에 의뢰하기도
했다. 하지만 조작 흔적을 발견할
수 없자 이 사진이 진짜라고 믿게
되었다. 물론 나중에 이 사진은 모두
조작된 것임이 밝혀졌다.

주변에서 쉽게 접할 수 있는 마술 영상들을 보면 초능력이라고밖에는 설명할 수 없는 놀라운 장면들이 많다. 보지 않고도 알아맞히는 투시나 예지, 또 유리를 통과하거나 물체를 바꿔치기하는 등 염동력과 관련된 것처럼 보이는 마술 등등. 그러나 이 모든 것들은 고도의 눈속임일 뿐 자연 법칙을 거스르는 것은 하나도 없다. 마술사의 솜씨가 숙련될수록 과학자의 눈도 속여 넘기지만 같은 마술사들끼리는 어떤 트릭을 썼는지를 다 알기 마련이다.

　그럼에도 불구하고 초능력 연구는 학문의 한 영역으로 존재한다. 바로 초심리학parapsychology이 그것이다. 얼핏 생각하기에 물리학이나 생물학 등에 속할 것 같은 초능력이 심리학의 한 분야로 연구되는 이유는 사실 초능력 현상이라고 보고된 사례가 대부분 목격자들의 심리적 상태에 따른 착각이나 왜곡 등인 경우가 많기 때문이다. 즉, 과학의 영역에서 초능력을 대하는 태도부터가 인간이라고 하는 불완전한 존재에 대해 객관적이고 비평적인 시각을 전제한다는 의미인 셈이다.

　초심리학 분야의 선구자로서 흔히 조지프 라인Joseph Rhine 박사를 꼽는다. 원래 식물학자였던 그는 1922년에 아서 코난 도일Arthur Conan Doyle의 강연을 들은 뒤 이 분야에 관심을 가지게 되었다. 도일은 '셜록 홈즈'의 작가로 너무나 유명하지만 동시에 심령 연구가로도 잘 알려져 있었는데, 당시의 강연도 '죽은 자와의 소통에 대한 과학적 증거'가 주제였다고 한다. 그러나 라인 박사는 당시의 유명한 영매, 즉 죽은 사람과 대화한다는 사람 가운데 하나였던 미나 크랜든Mina Crandon의 강령술이 사실은 속임수라는 사실을 간파해서 이를 발표했고, 이 때문에 도일을 비롯한 당시의 심령학자들 상당수와 갈등을 빚기도 했다. 그 뒤 라인 박사는 미국의 명문 듀크대에서 본격적으로 초능력에 대한 과학적 연구를 시작했고 1935년에는 듀크대 초심리학연구소를 설립하기에 이르렀다.

초심리학 분야의 결정적인 업적으로 흔히 언급되던 것이 라인 박사의 연구실에서 이루어진 텔레파시 실험이다. 학교 안의 다른 건물에 각각 머물러 있는 두 사람이 무작위로 제시되는 카드에 그려진 동그라미, 세모, 물결무늬 등을 서로 맞추는 것이었는데 통계적으로 우연의 일치라고 볼 수 없는 유의미한 결과가 나왔던 것이다. 그러나 이 실험은 환경이나 설계, 결과 해석 등에서 문제가 있다는 거센 반론이 일었다.

냉전 시대에는 미국과 소련 양측에서 초능력자들을 군사적으로 이용하려는 시도가 실제로 있었다. 예를 들어 2009년 우리나라에 <초(민망한) 능력자들The Men Who Stare At Goats>로 소개된 조지 클루니George Clooney 주연의 영화는 1970년대 말부터 1980년대 초까지 미군 특수 부대에서 실제 운용되었던 팀에 대한 내용을 코믹하게 다룬 작품이다. 또한 그 이전에도 알려진 사례들이 다수 있지만 그 어느 것도 주목할 만한 성과를 거두었다는 얘기는 없다.

과학의 발달에 따라 연구 방법론 그 자체의 엄밀함도 더해진 때문일까. 오늘날 초심리학은 예전만큼 진지한 관심을 받지

초심리학자 헬무트 슈미트Helmut Schmidt가
난수 생성기로 실험하는 장면

못하고 있다. 아직 심리학의 한 분야로 남아 있기는 하지만 대부분의 과학자들은 사실상 의사 과학이나 유사 과학으로 취급한다. 듀크대 초심리학연구소도 지금은 이름을 '라인연구센터 Rhine Research Center'로 바꾸고 더 이상 듀크대와는 상관없는 비영리 독립 연구소로 명맥만 잇고 있다.

　　그럼에도 불구하고 초심리학에서 다루는 영역들은 여전히 대중들의 큰 관심사이다. 인간에게는 알려진 것 이상의 감각, 즉 '초감각적 지각ESP'이 과연 있는가 하는 논쟁이 대표적이다. 일어날 일을 미리 안다거나 예지몽을 꾼다거나 하는 사례들은 셀 수 없이 많은데, 과학에서는 대부분 통계적 우연으로 설명한다. 그럼에도 이 설명에 수긍하지 않는 이들이 적지 않다. 또 유령 목격담 역시 환각이라고만 치부하기에는 세계적으로 너무나 많은 사례들이 시대를 초월해서 계속 나오고 있다. 적어도 심리학적으로는 명백하게 하나의 증후군을 이루고 있는 것이다. 유령이 객관적으로 존재하느냐에 앞서 유령을 목격한 사람들이 객관적으로 다수 존재한다면 그건 곧 과학적 연구의 대상이 되는 것이다. 초심리학은 바로 이러한 현상들에 대한 명쾌한 답을 모색하는 과학이다.

초능력을 논할 때 빠지지 않는 단골 소재 가운데 하나가 바로 인간의 뇌가 얼마만큼의 역량을 지니고 있는가 하는 점이다. 초능력을 믿는 사람들 중에는 인간의 두뇌에 아직 활용하지 않은 미지의 영역이 있으며, 이 부분을 활성화시키면 텔레파시 같은 능력이 가능할지 모른다고 생각하는 경우도 있다. 이와 관련한 영화가 지난 2014년에 개봉한 스칼렛 요한슨Scarlett Johansson 주연에 뤽 베송Luc Besson이 감독한 <루시LUCY>다. 이 영화가 개봉됐을 때 일부에서는 과학적 논쟁이 촉발되기도 했다. 영화 <루시>는 '보통 인간은 두뇌 용량의 10퍼센트밖에 쓰지 못한다'는 가설을 바탕으로 약물에 의해 두뇌를 100퍼센트 활용할 수 있게 된 주인공이 등장한다. 주인공인 루시는 점점 초인이 되어가면서 인간이나 나무 등 생물체의 건강 상태를 꿰뚫어 보고 허공에 날아다니는 휴대전화의 전파를 그대로 읽으며 나중에는 시간을 거슬러 까마득한 과거의 지구 모습까지 생생하게 관찰한다.

결론부터 말하자면 이 '두뇌 10퍼센트 이용설'은 잘못된 통념이다. 흔히 아인슈타인이 처음 이 말을 했다고 알려졌지만 그 어떤 기록에도 그가 실제로 그랬다는 내용은 없다. 두뇌를 10퍼센트밖에 쓰지 못한다는 것도 뇌신경학자들이 전혀 인정하지 않는 비과학적 속설일 뿐이다. 이 잘못된 통념은 20세기 초에 미국에서 몇몇 사람들이 인간의 잠재력에 주목해야 한다는 얘기를 하는 과정에서 생겨난 일종의 도시 전설로 여겨진다. 사실 인간은 두뇌 신경 세포를 동시에 100퍼센트 이용하는 일이 없을 뿐, 실제로는 두뇌를 사실상 100퍼센트 쓰고 있다는 것이 뇌과학자들의 일반적인 입장이다.

그렇다면 영화 <루시>는 과학적으로 말이 안 되는 엉터리 SF인 걸까? 애초부터 잘못된 가설을 바탕으로 내용을 풀어냈으니 현실적 개연성은 없다고 봐야 할까? 그렇지 않다. 원래 SF는 제한 없는 과학적 상상력을 마음껏 펼쳐 보이는 장르이다. 그런 과정에서 현실 과학이나 사회가 새로운 영감을 받기도 하는 것이다. 비록 '두뇌 10퍼센트 이용설'이라는 잘못된 속설을 내세우긴 했지만 <루시>의 장점은 인간 두뇌의 잠재력에 대한 주의를 환기시키고 그 계발 가능성을 극단적으로 탐구해 보았다는 데 있다.

<루시>에 앞서 2012년에 발표된 영화 <리미트리스Limitless>도 유사한 설정을 담고 있다. 영화는 약물에 의해 천재적인 두뇌 능력을 가지게 된 주인공이 놀라운 창의력을 발휘하고 주식 시장도 지배하는 등 초인에 가까운 정보 분석력을 지닌다는 내용이다. <루시>처럼 물질과 시공간을 다스리는 정도까지는 아니지만 <리미트리스>의 주인공도 인간 사회에서 거대한 정치

적 영향력을 행사하려는 인물이 되면서 이야기가 마무리된다.

현실은 어떨까? '머리가 좋아지는 약'이라거나 한동안 각성 상태를 지속시켜 주는 음료 같은 것이 인기가 있지만, 두뇌 신경 세포를 초능력자처럼 바꿔 주는 것은 물론 아니고 그저 중추 신경을 자극하는 제한적인 작용을 할 뿐이다. 그보다는 강한 의지를 가지고 긍정적인 되먹임(피드백) 과정을 반복하는 심리적 훈련 요법이 실제로 신경 세포의 활성화에 기여한다는 사실이 잘 알려져 있다. 즉, 장기적으로 머리를 좋게 하는 방법은 본인의 의지로 꾸준하게 훈련을 하는 것이다.

하지만 신경 세포에 직접 작용해서 머리가 좋아지게 만들 수 있는 과학적 가능성은 없을까? 생화학이나 생리학적 물질대사에 의해 두뇌의 신경 세포 능력이 획기적으로 개선될 수는 없을까? 만약 그런 일이 가능하다면 알츠하이머나 뇌종양 등 관련 증상으로 고통받는 수많은 사람에게 복음과 같은 일이 될 것이다. 하지만 아직까지 관련 분야에서 결정적인 업적은 나오지 않은 상황이다.

마무리로 SF에서 나왔던 흥미로운 상상 하나를 소개한다. 미국의 SF 작가 폴 앤더슨Poul Anderson이 50년대에 발표한 장편 『브레인 웨이브Brain Wave』는 어느 날 갑자기 지구상 모든 동물의 지능이 폭발적으로 높아져 인류는 물론이고 모든 짐승까지 이전의 다섯 배에 가까운 지능을 갖게 된다는 설정을 다루고 있다. 이것은 그동안 태양계가 우주의 어떤 알 수 없는 영역을 수억 년 동안 지나오다가 마침내 벗어나게 되면서 벌어진 일로,

그 기간에 지구상 동물들의 두뇌 신경 세포는 계속 억압되어 정상적인 기능을 하지 못했다는 것이다. 개가 인간의 언어를 이해하고, 원숭이가 인간과 함께 힘을 합쳐 아프리카에서 서구 열강의 지배에서 벗어난다. 게다가 과학뿐만 아니라 철학이나 종교까지도 인간의 놀라운 지능과 결합되면서 세상은 예측 불허의 혼돈으로 치닫는다. 만약 그런 세상이 온다면 그 끝은 어떨까? 흥미로운 상상이 아닐 수 없다.

5. 워터월드와 인류 진화의 색다른 가능성

생물학적 종으로서 호모 사피엔스Homo sapiens는 앞으로 어떻게 진화할까? 지금의 형태가 완성형일까? 아마 그렇게 믿는 사람은 별로 없을 것 같다. 어쩌면 다음 세기쯤에 인류는 이제까지와는 전혀 다른 이질적인 인간의 탄생을 목도할지도 모른다. 그런데 흔히들 전망하듯이 인간과 기계(컴퓨터)가 결합한 사이보그 인간이 아니라 전혀 다른 가능성을 고려해야 할 수도 있다.

진화는 발전이나 개선과는 상관없는 개념이다. 어떤 목적이나 방향성 없이 그저 변화하는 환경에 적응하는 불규칙한 과정 그 자체를 일컫는 말이다. 그렇다면 20세기 이후 인류의 환경은 그 이전과 비교해서 어떻게 변했을까?

우선 각종 전자파가 있다. 인류는 20세기가 되기 전까지는 이렇게 많은 전자파에 둘러싸여 살아 본 적이 없었다. 스마트폰이나 텔레비전, 라디오의 전파는 물론이고 전기를 에너지로 삼는 우리 주변의 모든 가전제품과 전기·전자 기기, 산업 기기들이 전자파를 내뿜는다. 거대한 송전탑들도 마찬가지다. 이들이 인체에 미치는 영향은 아직 명확하게 규명된 바가 없다. 최소한 두어 세대에 걸친 장기간의 추적 조사를 거쳐야만 그 세부적인 결과가 드러날 것이다. 특히 태어나면서부터 스마트 기기를 몸에 달고 살다시피 하는 21세기 세대들이 주된 관심의 대상이다.

두 번째로 각종 미세 먼지가 있다. 내연기관 자동차와 발전소, 공장 등에서 나오는 배기 가스의 중금속 및 최근 이슈가 되고 있는 미세 플라스틱 등 여러 가지 구성 성분의 미세 먼지들이 지난 100여 년간 꾸준히 축적되고 있다. 이들은 호흡기 등을 통해 직접 우리 몸에 들어오기도 하고 육류나 생선류 등을 섭취하는 과정에서도 인간의 몸에 흡수된다. 최근에는 생수에서도 미세 플라스틱이 검출되고 있다.

또한 방사능 역시 점점 피폭 위험이 커지고 있다. 원자력 발전소의 폐기물 등은 별도의 관리와 보존 처리가 이루어지고 있지만, 후쿠시마 사태에서 보듯이 지진이나 해일 등의 천재지변으로 언제 어떻게 누출될지 모른다. 건축 자재나 토양에도 방사능 물질들이 다양한 경로로 섞인다. 방사능은 유전자의 돌연변이를 야기할 수 있기 때문에 비록 미세 먼지나 전자파만큼 광범위하게 퍼져 있지는 않더라도 그 영향은 치명적일 수 있다.

이 밖에도 여러 가지 환경 변화 요인들이 있지만, 위의 세 가지만으로도 인간에게 생물학적 악영향을 끼치거나 돌연변이를 촉발할지도 모를 요소로서 충분히 잠재력이 있다. 현생 인류의 나이는 아무리 적게 잡아도 최소 수만 년인데, 이런 급격한 환경 변화는 불과 최근 100여 년 사이에 일어난 것이다. 전자파에 상시 노출되어도 아무런 문제가 없다거나 미세 플라스틱과 중금속 알갱이들이 체내에 축적되어도 멀쩡하거나 방사능을 쬐어도 유전자가 이상이 없는 식으로 진화할 수 있다면 좋겠지만, 현실적으로 이런 적응 진화는 두어 세대 만에 완수되기 힘들다. 결국 우리가 지금 상태를 유지하려면 이런 환경 변화 요인들을 얼마나 효과적으로 통제하느냐가 관건이 될 것이다.

SF에서는 이런 환경 변화에 대해 돌연변이든 적응 진화든 간에 디스토피아적 미래 전망과 결합시켜 부정적으로 묘사하는 경우가 많다. 일본 작가 츠츠이 야스타카筒井康隆는 방사능으로 돌연변이를 일으켜 기괴한 신체를 지니게 된 사람들이 득실대는 미래 사회 소설을 쓴 바 있고, 1995년 영화 <워터월드 Waterworld>에서는 해수면 상승으로 문명이 무너지고 물에 잠긴 세계에 사는 주인공이 수상생활에 적응하여 귀 뒤에 아가미가 생기기도 한다.

그런데 이런 논의에서 핵심은 변화하는 환경에 신체가 어떻게 적응하고 진화하느냐보다 그에 따라 우리의 가치관이나 철학이 어떻게 바뀔까 하는 것이다. 어쩌면 지금의 우리와는 몸도 마음도 다른 신인류가 예상보다 빨리 등장할지도 모를 일이다.

그런데 어쩌면 팬데믹pandemic이 신인류의 출현에 일조할지도 모른다. 팬데믹이란 치명적인 전염병이나 감염병이 세계적으로 번져 대규모 희생자가 나오는 경우를 일컫는 용어다. 이는 SF에서 재난 서사의 주요 소재 가운데 하나이며 이른바 '생물학적 재난'의 설정으로 즐겨 쓰인다. 그런데 이러한 생물학적 재난 중에는 인간이라는 종의 정체성과 그 변이에 대한 흥미로운 문제 제기를 던지는 작품들이 많다.

먼저 팬데믹 상황 자체를 리얼하게 묘사한 이야기는 영화로만 봐도 <아웃브레이크Outbreak>나 <컨테이젼Contagion>, <감기> 등 여러 작품들이 있다. 이들은 현실 세계를 배경으로 생물학 재난과 그 극복 과정을 드라마틱하게 묘사했기에 SF라기보다는 테크노메디컬 스릴러에 가깝다. 다만 이런 작품들에는 흔히 음모론적 설정이 같이 붙어 다닌다. 정부나 군 당국에서 비밀리에 개발했던 생물학 병기가 유출되어 재난으로 이어졌다거나 혹은 그런 사실을 은폐하기 위해 감염자들 전원을 격리하고 몰살시켜 버린다는 내용 등이 많다.

그다음으로, 팬데믹에 이은 인류의 종말과 그 뒤에 등장하는 이질적 변이체 인간이라는 설정이 있다. 오늘날 이런 구성은 뱀파이어 혹은 좀비 테마와 결합하여 SF에서 하나의 클리셰로 굳어졌는데, 리처드 매드슨Richard Matheson의 소설 『나는 전설이다I am Legend』는 바로 그 전형성을 사실상 확립시킨 현대의 고전

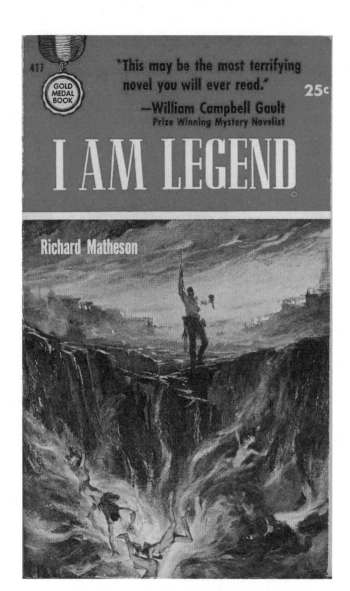

리처드 매드슨이 지은 『나는 전설이다』 초판본 표지.
뱀파이어 혹은 좀비 테마와 결합한 SF의 원조 격으로 리처드 매드슨은 이 작품
하나로 말 그대로 '전설'이 되었다.

으로 평가받는다. 세 차례에 걸쳐 영화로도 만들어졌으며 스티븐 킹Stephen King이나 '좀비 영화의 원조' 조지 로메로George Romero 감독 같은 인물에게 깊은 영향을 끼친, 글자 그대로 '전설' 같은 작품이다. 소설에서는 낮 동안은 잠을 자면서 휴식을 취하고 밤에 일어나 활동하는 종족이 있다. 그런데 낮 시간에만 나타나서 잠든 이 사람들을 무자비하게 학살하고는 밤이 오기 전에 사라져 버리는 잔인한 괴물이 있다. 이들은 이 괴물의 정체를 연구한 끝에 그들과 비슷한 인간임을 알아낸다. 그래서 대화를 시도해 보기로 하고 그들 가운데 한 여인이 그 괴물 인간에게 접근하는 위험천만한 시도가 벌어진다는 내용이다.

이런 장르에 익숙한 독자라면 이미 눈치 챘을 것이다. 낮에 잠자고 밤에 활동하는 종족은 실은 팬데믹의 결과로 새롭게 등장한 일종의 뱀파이어들이다. 낮에 그들을 학살하는 괴물은 우리와 같은 호모 사피엔스, 즉 구인류이며 작품 속에서는 지구 최후의 인간으로 나온다. 그에게 뱀파이어들은 비록 인간처럼 이성을 지니고 사고한다 해도 그저 박멸해야 할 괴물들일 뿐, 같은 인간이라고 볼 수 없는 대상이다.

그렇다면 호모 사피엔스는 과연 진화적으로 정점에 도달한 완전체일까? 영화 <데이브레이커스Daybreakers>에서처럼 새로운 인간이 탄생하여 우리 같은 구인류를 완전히 배제하려 든다면, 우리는 그 운명을 어떻게 받아들일까?

SF에서는 이성을 지닌 좀비나 뱀파이어로의 변이라는 시나리오가 여전히 유효하지만 엄밀히 말해서 실현 가능성보다는 문학적 수사의 차원으로만 이해하는 게 맞을 것이다. 그런데 이 논의에서 중요한건 변이의 방향보다도 변이 그 자체이다. 우리는 더 이상 인간이 아닌 다른 무엇으로 탈바꿈하는 기회를 반길까, 아니면 회피할까?

이에 대한 답을 찾자면, 인간은 과연 스스로의 정체성을 어디에 두고 있느냐는 논쟁을 피할 수 없다. 인간을 인간답게 만드는 것은 호모 사피엔스라는 생물적 특징인지, 아니면 인간만이 지닌 이성과 사고 능력인지, 혹은 둘 다여야만 하는지를 결정해야 하는 것이다. 아마 이 점에 대해서는 저마다 의견이 다를 것이다. 인류는 생존을 위해 이에 대한 답을 택해야만 하는 절박한 상황을 아직 한 번도 겪어 보지 않았다. 그저 문학이라는 형식을 통해 사고 실험만을 해 보았을 뿐이다. 그러나 과학기술의 발달이 점점 가속되고 있는 지금 시대에, 이에 대한 답을 진지하게 고민해 봐야 할 필요성도 점점 높아지는 것 같다.

그 점에서 리처드 매드슨의 『나는 전설이다』의 결말은 의미심장하다. 주인공이 왜 '나는 전설이다'라고 얘기하는지, 이 이야기를 처음 접하면 그 의미가 예상 밖이라 놀랄 독자가 꽤 있을 것이다.

6. 뇌 과학과 미래학

    '뇌 과학'이란 말은 이제 꽤 익숙하다. 어떤 의미인지 일반
인이 잘못 이해하고 있을 가능성도 거의 없다. 글자 그대로 두
뇌를 연구하는 학문이니까. 그런데 학계에서 이 분야의 정식 명
칭은 '신경 과학neuroscience'이다. 실제로 영미권에서는 뇌 과학이
아니라 신경 과학이라는 말을 주로 쓴다. 그런데 왜 우리에게는
뇌 과학이라는 말이 친숙할까? 그 이유는 뇌 과학이라는 용어
를 쓰는 여러 복잡한 함의들과 관계가 있다. 첫째로 뇌 과학은
의학과는 별개로 여러 산업에 연관되어 있다. 자기 계발이나 힐
링, 교육 등 여러 분야에서 뇌 과학을 내세워 마케팅을 한다. 과
학적으로 검증이 되었는지 여부와는 상관없이 뇌 과학이라는

말이 들어가면 뭔가 학문적 권위와 타당성을 지닌 듯한 느낌이 드는 것이다. 뇌를 단층 촬영한 사진이라도 첨부되면 의미와는 상관없이 그런 믿음이 더 강화된다.

둘째로는 뇌가 인간의 사고와 행동을 지배하는 핵심이라고 보는 선입견이다. 신체에서 두뇌를 제외한 다른 부분들은 단순히 딸린 부속 같은 존재로 간주한다. 과연 그럴까?

두뇌는 사실 신경계의 일부이다. 우리가 생각하고 판단하고 행동하는 모든 활동이 뇌를 중심으로 이루어지는 것 같기는 하지만, 몸 전체에 퍼져 있는 신경계에서 과연 어떤 부분이 어느 정도의 비중을 차지하는지는 아직 명쾌하게 규명된 바가 없다. 허기라든가 성욕 같은 원초적인 욕구가 두뇌를 지배하는 것처럼 보이는 상황도 있다. 특정한 자극에 탐닉해서 그것만을 추구하는 중독에 빠지기도 한다. 두뇌는 엄밀히 말하자면 신체의 각 부분에서 감각 신경이 보내 주는 정보들을 모은 다음 그저 그들 사이의 평형 상태, 즉 생물학적 생존을 지속하게 하는 컴퓨터 알고리즘 같은 것일지도 모른다. 정신과적인 문제가 있는 사람은 이 알고리즘이 깨진 것이라고 해석할 수도 있을 것이다. 이처럼 뇌 과학은 신경 과학의 일부다.

이와 관련해서 유의할 점은 과학 문해도다. 일반인들이 뇌 과학이나 신경 과학을 대할 때, 다른 모든 과학 기술 분야와 마찬가지로 얼마나 과학 문해도를 갖추었느냐가 중요하다. 과학 문해도란 무엇일까? 과학 상식을 많이 알면 알수록 높은 것일까? 그렇지 않다.

과학 문해도는 수식이나 용어 등 과학에서 주요하게 쓰이는 개념들을 얼마나 잘 이해하는가를 나타내는 말이지만, 그보다 더 중요한 것은 얼마나 과학적이고 합리적인 사고를 하는가이다. 아무리 과학적인 팩트를 많이 알고 특정 분야의 지식에 밝더라도 그것이 곧 과학적 사고방식을 보장하는 것은 아니다. 과학 문해도가 높은 사람이라면 적은 수의 표본을 가지고 섣불리 일반화하거나 처음부터 편향된 입장을 지닌 채 여러 사실들을 의도대로 꿰맞추려는 일을 경계할 것이다. 그런데 주변에 보면 의외로 박사나 교수 같은 타이틀을 지니고도 과학 문해도는 높지 않아 보이는 이들이 심심찮게 드러난다.

뇌 과학이란 말을 학문의 한 분야로만 이해하는 것을 넘어 거기에 어떤 특별한 권위나 심지어는 신비한 의미까지 부여하려는 시도는 걸러서 보아야 마땅하다. 물론 뇌 과학이 신경 과학이자 의학의 한 분야로서 독자적인 연구와 성과가 꾸준히 주목받아야 하는 것은 당연하다. 하지만 그건 어디까지나 과학으로서 검증되는 내용에 한정되어야 한다. 산업으로서 뇌 과학이 일정한 지분을 계속 유지할 수 있는 것은 사실 긍정적인 결과의 실체가 플라시보 효과placebo effect이거나 심리적 피드백인 경우가 많다. 이는 심리학에서 검증된 내용이다. 그런데 그런 해석이 아닌 확인할 수 없는 다른 이론들을 들어 뇌 과학적 연구의 성과로 기정사실화하는 것은 신중해야 할 일이다. 뇌 과학에 낀 거품이 걷히고 엄정한 객관적 학문의 한 분야로서 제자리를 찾을 필요가 있다.

뇌 과학만큼 잘못 오해될 소지가 다분한 또 다른 학문 분야가 있다. 바로 미래학이다. '미래학'이라는 용어에는 뭔가 미래를 내다보는 통찰력을 넘어 예언 능력까지 있어 보인다. 2008년 노벨 경제학상 수상자인 폴 크루그먼Paul Krugman은 고교생 시절 미래를 예측하는 학문이 등장하는 SF 소설을 읽고 매료되어 자신의 진로를 결정했다고 한다. 아이작 아시모프의 장편『파운데이션Foundation』에 나오는 '심리역사학Psychohistory'이 바로 그것이다. 소설 속에서 심리역사학은 역사학, 사회학, 수리통계학 등을 결합시켜 거시 사회의 트렌드를 정확히 내다보는 학문이다. 크루그먼은 심리역사학자가 되고 싶었지만 현실에 존재하지 않는 가상의 학문이란 사실을 알고는 차선책으로 그와 가장 비슷해 보이는 경제학을 택했다.

『파운데이션』의 작가 아시모프는 훗날 미래를 예측한다는 것은 사실 불가능에 가깝다고 술회한 바 있다. 변수가 너무 많아서 계산이 어렵다는 것이다.『파운데이션』에도 사회·정치적 영향력을 엄청나게 행사하여 심리역사학자의 예측을 빗나가게 만드는 돌연변이 캐릭터가 등장한다. 실제 인류 역사에서도 심심찮게 일어나는 일이다. 인물뿐만 아니라 사소한 사건이나 우연 등이 나중에 일파만파 역사적 후폭풍을 불러오기도 한다. 돌연한 천재지변도 마찬가지다.

그럼에도 불구하고 거시적인 시야로 보면 사회는 일정한 방향성을 나타낸다는 전제 아래 그 흐름을 예측하려는 것이 미래학이다. 몇 가지 고정된 상수들은 계속 돌발하는 변수들에 휘

노벨 경제학상을 수상한
폴 크루그먼(위)은
아이작 아시모프의 장편
『파운데이션』(아래)에서
나오는
'심리역사학'이라는
가상 학문에서 미래를
예측하는 것을 보고
매료되어 자신의 진로를
이와 유사한 경제학으로
선택했다.

둘리지만, 세월이 흐르면 결국 '평균 회귀'로 간다는 것이다. 여기서 '일정한 방향성', '고정된 상수'란 다름 아닌 인간과 인간의 욕망을 의미한다. 호모 사피엔스는 집단으로서 생존의 지속을 추구하는 존재다. 그리고 개개인은 기본적인 욕망, 즉 의식주의 확보와 개인적 이익 추구를 우선시한다. 개인적 이익 추구란 단순히 이기적인 성격만은 아니며, 때로는 이타적이고 박애적인 태도를 자신의 욕망 충족으로 삼는 사람들도 있다.

그런데 21세기 들어 과학 기술이 계속 발전하면서 이러한 기본 전제들이 흔들릴 가능성이 커지고 있다. 인간과 기계가 결합하는 사이보그 시나리오가 현실이 되면 호모 사피엔스라는 생물학적 존재의 욕망이 무의미해지는 날이 올지도 모른다. 우리가 인간으로서 가지는 욕망이나 가치관이 뿌리부터 흔들릴 수도 있는 것이다. 미래에는 신인류의 욕망이 구인류에게 가혹한 운명을 지울 수도 있다.

아직 학문으로서 탄탄한 기반을 다지지 못한 미래학은 이런 배경에서 험난한 도전에 직면해 있다. 인류가 사이버 스페이스로 옮겨 간다는 특이점을 주장하는 레이 커즈와일 같은 공학자, 우주 개발 및 자율 주행 전기 자동차 등의 인프라 구축에 열성인 일론 머스크 같은 기업가, 유전공학 등 새로운 의학 기술이 인류의 의료 복지를 혁신시킬 것이라는 바이오 과학자 등등 각 분야의 전문가들이 저마다 자기 분야의 중요성을 강변한다. 종교나 철학, 사회 심리학, 사회 철학 등의 분야에서도 변화하는 시대상에 따른 여러 불안 요소들을 지적하고, 이런 변수들을 종합한 경제학자나 사회과학자들도 미래의 위기 시나리오들을 수시로 내놓는다.

문제는 이 모든 주장이며 이론들이 과연 얼마나 객관적이고 합리적인가 하는 것이다. '미래학자'라는 타이틀을 내세우고 말하는 사람 중 일부는 자신의 전문 분야에 가중치를 두고 객관성과는 거리가 있는 주장을 내세우는 것은 아닌지 걸러 볼 필요가 있다. 미래학에서 필수적인 것이 바로 미래 예측 방법론인 것도 이런 상황과 밀접하다. 확증 편향에 쏠리지 않는 냉철하고 거시적인 시야가 중요하다. 세간에는 미래 전망과 관련된 온갖 구호며 수식어들이 난무하지만, 거품을 걷어 내고 보면 기업이나 단체 등 특정 이익집단에만 유리한 잡음에 불과한 경우가 적지 않다. 이것이 혼란스러운 환경에서 미래학이 스스로 독립적인 학문의 정체성을 세우고 존중받기 어려운 이유다.

7. 세상의 종말을
꿈꾸는 사람들

한 청년이 이런 말을 한다. 어떤 상황일까?

"다시 태어난 기분이야. 드디어 내 미래가 열렸구나! 난 눈앞이 아찔할 정도의 자유를 손에 넣었는지도 모른다."

가와구치 가이지かわぐちかいじ의 만화『태양의 묵시록太陽の黙示録』은 엄청난 대지진이 계속 덮쳐서 아수라장이 되어 버린 일본이 배경이다. 위 대사는 폐허나 다름없는 도쿄에서 주인공이 내뱉는 말이다.

솔직히 말하자. 파국이나 재앙을 은근히 바라는 사람들은 사실 적지 않다. 어떤 식으로든 현실에 불만이 많은 사람들은 기존 질서가 무너지면 오히려 공평한 기회가 주어질 거라고 생각한다. '헬조선'이라는 말이 일상적 표현이 되어 버린 현재의 한국에서 꽤 많은 사람들이 이런 생각을 하고 있을 것이다.

그러나 파국에 대한 갈망은 사실 따져 보면 대부분 판타지다. 현실의 피곤함에 지쳐 어쩌다 꿈꿔 보는 몽상일 뿐, 정말로 그런 재앙을 원하는 사람은 거의 없다. 이미 현대인은 쉽게 포기하기 힘든 문명의 혜택을 너무나 많이 누리고 있기 때문이다. 그래서 사람들은 재앙을 다룬 SF들을 보면서 그 판타지를 대리 충족시킨다.

재앙이나 파국의 원인은 정말 많다. 지진, 화산, 해일, 소행성 충돌, 전염병, 핵전쟁, 대공황, 좀비의 창궐이나 외계인 침략, 인공지능의 반란 등등. 하지만 이렇듯 단기간에 엄청난 피해를 주는 것 말고 천천히 엄습하는 재앙도 있다. 지구 온난화에 따른 해수면 상승이나 출산율 저하로 인한 사회의 노령화, 자원 고갈 등에 따른 국가의 빈곤화도 현실에서 일어나는 일이다. 이것들 하나하나에 대해 미리 대비하고, 피해를 최소화하고, 무너진 질서를 복구, 재건하는 과정에는 인간의 지혜가 총동원되기 마련인데, 그런 시나리오들을 상상해 보는 것만으로도 과학적이고 합리적인 사고에 꽤 도움이 된다.

이런 분야의 SF가 재미있는 또 다른 이유는 평소 상상하기 힘든 기묘한 종류의 재앙들도 많기 때문이다. 예를 들어 나이트 샤말란Night Shyamalan 감독의 영화 <해프닝The Happening>은 식물들이 정체불명의 화학 물질을 살포하여 인간들이 자살하거나 서로 죽이게 만든다는 설정이며, 닐 스티븐슨Neal Stephenson의 소설

SF에서 그리는 종말은 평소 상상하기 힘든 기묘한 종류의 재앙에 의한 경우가 많다.
다른 장르에 비해 유독 SF에서 인류의 종말 혹은 멸망이 자주 등장하는 이유는
현실적인 경고의 의미도 있지만 동시에
작가가 마음대로 자신만의 세상을 설계할 수 있다는 장점 때문이다.

『세븐이브스Seveneves』는 원인 불명으로 달이 폭발하면서 지구에 수천 년 동안 운석 비가 쏟아져 내리는 것으로 이야기가 시작된다. 그런가 하면 스티븐 킹의 원작을 각색한 영화 <셀Cell>에서는 휴대전화를 통해 정체불명의 전파에 감염된 사람들이 광기에 사로잡힌 살인마 집단들로 변신한다. 이 영화의 마지막 장면은 종말을 맞은 인류를 묘사한 SF 영화들 중에서도 가장 섬뜩한 모습 중 하나로 꼽기에 손색이 없다. 이런 설정들에는 발달한 과학 기술에 대한 풍자나 은유도 배어 있지만, 설정 그 자체에 어떤 과학적 가능성이 있을 수도 있다는 점 역시 흥미롭다.

한편 재앙 이후의 세상이 반드시 꿈도 희망도 없는 황량한 야만의 세상인 것만은 아니다. 삶이 계속되는 한 그곳은 웃음과 따뜻함이 살아 있는 공동체의 지속 가능성을 품고 있다. 좋은 예가 아시나노 히토시あしなの ひとし의 만화『카페 알파ヨコハマ買い出し紀行』다. 해수면 상승으로 많은 도시와 마을들이 물에 잠긴 미래를 배경으로 작은 카페를 운영하는 여성이 주인공인데, 사실 그는 인간이 아닌 로봇이다. 그녀는 주변 사람 및 로봇들과 더없이 따뜻하고 밝은 일상을 보낸다. 이 작품은 처음부터 끝까지 주인공과 주변인들의 잔잔한 삶만을 묘사한다. 지구의 다른 지역들 모습은 나오지 않지만 전체적으로 종말을 향해 가는 문명이 체념을 넘어 달관에 이른 듯한 기묘하고 나른한 분위기가 일품이다.

SF에 재앙 이후가 배경으로 자주 등장하는 이유는 무엇일까? 현실적인 경고의 의미도 있지만 동시에 작가가 마음대로 설계한 자신만의 새로운 세계상을 그릴 수 있기 때문일 것이다. 한마디로 세상을 리셋하는 것이다. 기존의 사회 질서는 물론이고 가치관이나 철학에 전면적인 이의를 제기하는 가장 간단한 스토리텔링 방법인 셈이다. 이런 작품들을 통해 우리의 과학적, 사회적, 윤리적 상상력은 점점 더 넓어진다.

SF뿐만 아니라 여러 과학자들이 상상하는 재앙 중에서 하나가 바로 인공지능에 의한 인류 멸망이다. 이를 잘 다룬 영화 가운데 하나가 1977년에 발표된 영화 <악마의 씨>다. 영화에서 인공지능 프로테우스는 온라인에 접속한 지 불과 며칠 만에 백혈병의 새로운 치료법을 개발해 낸다. 세상의 모든 정보와 지식들을 탐색하여 인간들이 생각조차 못해 본 방식으로 조합한 것이다. 프로테우스는 이어서 놀라운 요구를 한다. 인간들이 왜 그렇게 불안정한 정신을 지니고 있는지 연구하고 싶으니 센서 터미널을 늘려 달라는 것이다. 프로테우스를 만든 과학자는 불길한 느낌을 받고는 온라인 접속을 다 끊어 버리지만, 자신의 집에 연결된 라인이 있다는 것을 깜박하고 만다.

프로테우스는 과학자의 집으로 침투해서 그 집의 모든 전기, 전자 기기들을 장악하고는 과학자의 아내를 집 안에 감금한다. 그러고는 전동 휠체어와 각종 장치들을 결합시켜 로봇을 만든 다음 여성을 결박하여 세포 샘플을 채취한다. 프로테우스가 인간 세포들을 가지고 만들어 낸 것은 합성된 정자였다. 과학자의 아내는 강제로 임신이 되고 프로테우스가 개발한 새로운 생리학 시술로 불과 한 달도 안 되는 사이에 출산을 하게 된다. 그 사이에 프로테우스의 본체는 파괴되었지만 인간의 어린이 모습으로 태어난 아기는 세상에 나오자마자 첫 마디를 또박또박 내뱉는다. "나는 살아 있다!"

이 영화는 40년도 더 된 작품이지만 인공지능의 불길한 가능성에 대한 전망으로는 상당히 충격적인 내용을 담은 SF 가운데 하나다.

한편 이보다 더 앞서서 1970년에 나온 <콜로서스>란 영화는 미-소 대립의 냉전 시대에 핵무기를 방어하는 두 나라의 슈퍼컴퓨터 시스템이 서로 연결되어 인류를 지배하려 한다는 내용이다. 이 인공지능은 핵미사일을 멋대로 다루는 것은 물론이고 사물 인터넷을 통해 사람들의 일상을 속속들이 감시한다. 과학자들은 인공지능의 통제권을 되찾으려 하지만 침대 속 말고는 감시에서 벗어날 길이 없다. 마지막에 인공지능의 "인류가 규칙에 복종하면 평화와 사랑의 시대를 구가하게 된다"라는 메시지에 과학자는 단호하게 답한다. "절대 그럴 일은 없어!"

사실 인간을 위협하는 인공지능은 전설적인 명작 SF 영화인 <2001 스페이스 오디세이>가 일찌감치 설득력 있는 설정을 제시한 바 있다. 영화에서 등장하는 HAL 9000은 우주선에 탑재된 인공지능인데, 지구의 본부에서 내린 명령을 따르자니 우주선에 같이 타고 있는 동료 승무원들을 속여야 하는 상황에 몰리자 극단적인 선택을 한다. 승무원들을 모두 제거해 버리기로 한 것이다.

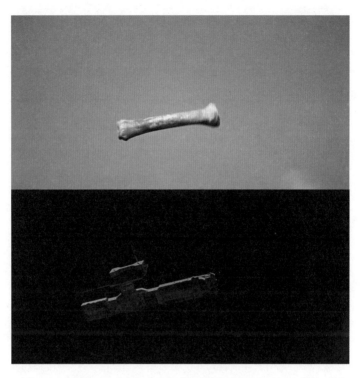

영화 <2001 스페이스 오디세이>에서 유인원이 던진 뼈가 우주선으로 바뀌는 매치 컷. 영화사상 가장 훌륭한 매치 컷 가운데 하나로 꼽히는 명장면이다.

인공지능으로 인한 인류의 종말로 가장 유명한 작품은 <터미네이터>와 <매트릭스>다. 이 작품들의 인공지능은 인간에 의해 창조되었지만 인간들 스스로는 결코 도달할 수 없는 아름다움, 즉 세상의 완벽한 평화와 조화를 추구하도록 만들어졌는데, 역설적으로 바로 그 이유 때문에 인류가 종말의 위기에 몰리게 된다. 인공지능의 사고 원리는 수학에 기반한 것이라서 문제 해결에서도 수학적으로 완벽한 결과가 나올 때까지 멈추지 않는다. 기하학적 미학이라고 할 만한 이런 작동 방식은 결국 세상에서 인간이라는 존재가 있는 한 완벽한 평화는 불가능하다는 결론을 내리게 된다. 말할 것도 없이 그다음 단계는 '완벽한 평화를 불가능하게 만드는 요인의 원천적 제거'로 이어지며 바로 이 과정이 이 영화들의 주된 줄거리다.

인간과 적대하는 독립된 대상으로서의 인공지능과, 인간의 몸 안에 들어와 우리를 이질적으로 바꾸려는 인공지능 중에서 어느 쪽이 더 섬뜩할지는 독자들의 상상에 맡긴다. 그런데 사람에 따라서는 후자 쪽을 오히려 반기는 경우도 있다. 인간과 인공지능을 결합하여 신인류인 사이보그가 되면 인류 역사의 새로운 도약기가 시작될지도 모른다. 어찌 되었든 그런 일이 실제로 일어난다면 적어도 호모 사피엔스가 종말을 고하는 것은 피할 수 없는 셈이다.

V

상상을 현실로 바꾸는
엉뚱하고 흥미로운
미래 보고서

1. 우연은
과학이 될 수 있을까

　살다 보면 기막힌 우연을 경험할 때가 있다. 예를 들면 십 년 넘게 잊고 있던 사람을 문득 떠올렸는데 바로 그다음 날 그 사람에게서 전화가 오는 경우도 있다. 누구나 이 같은 자기만의 신기한 이야기가 있을 것이다. 세계적인 심리학자였던 칼 융Carl Gustav Jung은 그런 일들을 도저히 우연의 일치라고만 볼 수는 없다고 생각해서 '공시성synchronicity'이라는 말을 만들어 냈다. 아직 밝혀지지 않은 모종의 작용에 의해 일어나는 일들이 겉으로는 그저 우연처럼 보인다는 것이다.

　저명한 작가였던 아서 쾨슬러Arthur Koestler도 비슷한 입장이었다. 그는 '홀론holon'이라는 이론으로 우연 현상에 대한 설명

아서 쾨슬러(1969년).
그는 '홀론'이라는 이론으로 우연 현상에 대해 설명했다. 이 이론에 따르면 자연의
모든 것은 전체이자 동시에 부분인 홀론들로 구성되어 있고, 세상은 이것으로
이뤄진 일종의 그물망이다.

을 시도했다. 자연의 모든 것은 전체이자 동시에 부분인 '홀론'들로 이루어져 있으며, 세상은 이것으로 이루어진 일종의 그물망이 겹겹이 쌓여 있어서 겉보기에는 전혀 상관없는 별개의 일들이 동시에 우연히 일어나는 것처럼 보여도 사실은 홀론을 통해 서로 영향을 받은 결과라는 것이다.

그러나 공시성이나 홀론 이론은 과학적으로 검증된 것이 아니며, 사실은 과학의 대상으로 인정조차 받지 못한 순수한 가설일 뿐이다. 정확히 말하자면 현재까지 과학계에서는 이런 이론들을 연구하기 위해 어떤 방법론을 써야 할지 명확하게 합의된 바가 없다. 다만 통계학적 접근을 통해 그저 우연의 일치일 뿐이라고 보는 정도다. 예를 들어 신기한 우연의 예로 흔히 예지몽을 드는데, 경험하는 당사자에게는 신비한 일이겠지만 통계적으로 보면 개연성이 그리 낮은 편이 아니다. 우리나라 인구만 5천만 명이 넘고, 세계 인구는 76억이 넘는다. 이 정도 모집단이라면 그중에 누군가가 예지몽을 꿀 확률이 과연 희박하다고 할 수 있을까? 더구나 우리가 꾸는 꿈은 대개 가족이나 지인 등 주변 인간관계 및 환경과 밀접한 경우가 많아서 꿈의 내용도 생각보다는 범위가 좁은 편이다. 이런 점들을 고려하면 한 사람이 일생에 한두 번쯤 예지몽을 경험할 확률은 그리 낮지도 않다는 것이다.

그럼에도 불구하고 어떤 우연은 너무나 신기해서 뭔가 미지의 인과관계가 있는 건 아닐까 하는 궁금증을 떨치기 힘들다. 몇 년 전에 전철을 타고 가는데 나비 한 마리가 날아와서 내 주

변을 한동안 맴돈 적이 있었다. 전철에 나비가 날아드는 일도 무척 드물지만, 놀라운 것은 바로 그때 내가 나비가 나오는 만화책을 보고 있었다는 사실이다. 더구나 만화책 중에서 몇 쪽 안 되는, 나비가 나오는 페이지를 펼치고 있었다. 너무나 기묘한 느낌이었다. 전철을 타고 가는 동안 나비가 차 안에 날아 들어올 확률에 그 나비가 다른 칸이 아닌 바로 내가 있는 칸의 내가 앉은 자리로 날아올 확률, 거기다 때마침 내가 나비가 나오는 만화책을 보고 있을 확률과 그 만화책에서 나비가 나오는 쪽을 펼쳐 보고 있을 확률이 모두 우연하게 겹칠 가능성은 과연 얼마나 되는 것일까? 참고로 그때 내가 보고 있던 만화책은 아사노 이니오ぁさのいにぉ의 『니지가하라 홀로그래프』였고, 전철은 경기도 산본 즈음의 지상 구간을 지나고 있었다.

몇 년 전에는 이윤하 작가를 만날 기회가 있었다. 세계 최고 권위의 SF문학상인 휴고상 장편 부문에 2년 연속 후보에 올랐던 이 작가는 한국계로 미국에서 활동하고 있으며 오랜만에 부모의 나라를 방문한 참이었다. 나는 처음 만난 자리에서 그가 어릴 때 서울에서 외국인 학교를 다닌 적이 있는지 물었고 그런 사실이 있다는 답을 들었다. 그래서 나는 오래전 한 헌책방에서 과학 에세이 원서 한 권을 구입한 적이 있는데, 원래 외국인 학교 도서관의 장서였던 그 책 뒤에 꽂힌 대출 카드에 당신의 이름이 적혀 있다고 말했다. 20년도 훨씬 넘는 세월을 건너 그와 나는 기묘한 우연으로 연결되었던 것이다. 우리는 서로 "싱크로니시티!"를 외치며 웃음을 터뜨렸다.

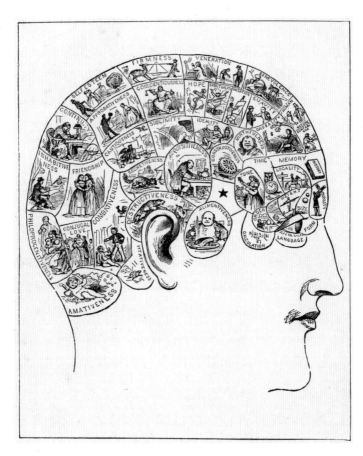

19세기 골상학에서 주장한 전형적인 두뇌 그림.
골상학은 뇌의 여러 부위가 담당하는 기능이 각각 따로 있으며 두개골의 형태와
크기로 개인의 성격과 기능 특성을 알 수 있다고 주장했다. 오늘날에는 과학적
근거가 부족한 유사 과학으로 간주된다.

앞서 말했듯이 우연은 과학의 대상이 아니다. 굳이 분류하자면 골상학처럼 의사 과학, 혹은 유사 과학에 속한다. 하지만 우리가 우연이라고 부르는 현상이 사실은 어떤 미지의 인과관계로 엮여 있는 것이라면, 과연 어떻게 접근하고 연구해야 그 원리를 규명할 수 있을까? 이처럼 과학과 비과학의 경계에 있는 듯한 분야는 우연 말고도 많이 있다. 세월이 더 흐르면 그중에 어떤 것은 과학의 영역으로 편입될지도 모른다. 이를테면 외계 생물학이나 외계의 지적 생명체 탐사SETI는 칼 세이건이 등장하기 전까지는 주류 과학의 바깥에 있었다.

우연만큼이나 호기심을 불러일으키는 현상 가운데 하나가 바로 데자뷰다. 2006년에 제작된 미국 영화 <데자뷰Deja Vu>는 이 현상을 과학적으로 이용하려는 이야기다. 영화에서는 CCTV나 위성사진 등등 온갖 빅데이터를 이용해 과거의 특정 시점을 재현한 다음, 해당 과거로 사람이 직접 시간 여행까지 한다. 사실 이 영화의 주된 내용은 제목과는 좀 결이 안 맞는다는 느낌이 들지만, 아무튼 데자뷰, 혹은 기시감과 관련해서 생각할 거리를 던져 주는 모티브로서는 충분하다.

기시감, 또는 프랑스어 데자뷰로 알려진 현상을 경험해 보지 않은 사람은 거의 없을 것이다. 분명히 처음 가 보는 곳인데도 낯이 익다거나, 누구와 특정 대화를 나누는 상황이 갑자기 처음이 아닌 것 같은 느낌이 들거나 하는 등의 경험이 모두 데자뷰다. 이런 현상을 해명하기 위한 이론도 폭넓은 영역에 걸쳐 제시되어 있다. 신경생리학이나 정신의학 같은 의학적 접근에서부터 양자역학적 다원 우주론이나 평행 우주 등 SF적 해석에다 심지어는 전생의 기억이라는 유사 과학적 가설까지 존재한다.

먼저 기시감이 대부분 시각 이미지와 관련되어 있다는 점에 주목하여, 시신경 및 그와 관련된 두뇌의 해석 프로세스 문제로 보는 이론이 있다. 인간의 두뇌는 시각 정보를 받을 때 0.3초 이상만 시간 차가 나도 별개의 사건으로 인식한다고 한다. 그래서 하나의 풍경을 양쪽 눈으로 보고 그 정보를 두뇌에 전달할 때 어떤 이유로 0.3초 이상 차이가 날 경우, 앞서 도착한 정보와 나중의 정보를 별개로 인식해서 결과적으로 기시감을 느끼게 된다는 것이다. 즉, 먼저 도착한 한쪽 눈의 정보를 우선 해석한 뒤 기억 속에 저장하고는, 그다음에 도착한 다른 쪽 눈의 시각 정보는 방금 전에 도착한 정보와 대조하여 '낯익은 곳' 이라는 느낌을 자아낸다는 설명이다.

그렇다면 왜 시간 차가 생기게 될까? 이에 대해서는 인간 두뇌가 기본적으로 전류로 작동한다는 사실로부터 유추하여 0.3초라는 찰나의 순간 동안 어떤 생리적인 이유로 시신경 회로가 잠시 방전과 재충전을 겪으면서 정보의 연속성이 단절되는 것이 아닌가 하는 가설도 있다. 이 가설은 시카고대 물리학과 출신의 C. 존슨이란 사람이 제안했다.

이 밖에 측두엽 간질을 앓는 사람의 증상 중 하나로 기시감이 언급되기도 하고, 꿈에서 겪은 상황이 무의식에 남아 있다가 현실에서 비슷한 환경을 접하면 불현듯 떠오르는 것으로 해석하기도 한다. 이러한 모든 가설들 각각이 어느 정도는 유의미성을 가질 수도 있겠으나, 그에 못지않게 기시감은 사실 '파레이돌리아pareidolia'라는 심리적 현상의 변형된 형태가 아닐까 하는 생각이 든다.

파레이돌리아란 정보가 충분하지 않은 어떤 대상을 접할 경우 자신에게 익숙한 패턴으로 인식하려는 인간의 본능적 심리이다. 쉽게 말하자면 우리말 속담 중에 "뭐 눈에는 뭐만 보인다"는 속된 표현이 바로 여기에 해당된다. 예를 들어 산에 있는 '큰바위 얼굴'이라거나 사람처럼 보이는 인삼 등이 여기에 속한다. 인터넷에서 파레이돌리아로 검색해 보면 헤아릴 수 없이 많은 이미지들을 쉽게 볼 수 있다. 사람 얼굴 모양으로 보이는 사물들, 천사나 강아지나 괴수 모양으로 보이는 구름들, 게다가 이런 현상을 이용한 화가들의 그림도 있다. 또한 시각뿐 아니라 청각도 해당된다. 외국어 노래 가사를 익숙한 모국어로 바꾸어 듣는 경우가 이에 해당한다.

사실 파레이돌리아는 이성적, 합리적인 사고를 하는데 가장 큰 걸림돌 중 하나인 확증 편향에 해당되는 것이다. 재미 삼아 알면서 보는 것은 상관없으나, 어떤 경우엔 마치 진실인 양 음모론을 주장하는 근거로 내세워지기도 한다. 가장 유명한 예 중 하나가 바로 '화성의 얼굴'이다. 1960년대에 화성 탐사선이 촬영한 저해상도의 사진에 사람의 얼굴처럼 보이는 모습이 나왔는데, 이것을 근거로 화성에 초고대 문명이 존재했다고 주장하는 사람들이 나왔다. 세월이 흘러 같은 지점의 고해상도 사진

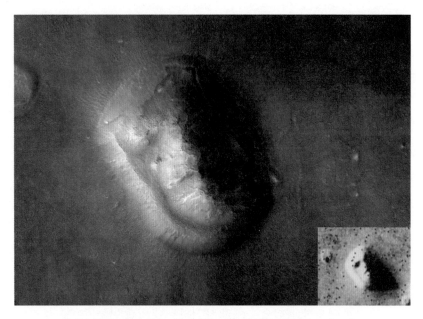

'화성의 얼굴'로 알려진 유명한 사진. 파레이돌리아의 전형을 보여 준다.
1960년대 화성 탐사선이 촬영한 저해상도 사진(오른쪽 하단 작은 네모)과
시간이 지나 고해상도로 다시 찍은 사진을 보면 단순히 화질의 문제였음을 알 수
있다. 그럼에도 일부 사람은 나사가 사진을 조작했으며
실제로 화성의 얼굴이 존재한다고 굳게 믿고 있다.

이 다시 공개되자 해당 지형이 사람의 얼굴 모양이라는 주장은
설득력을 잃게 되었다. 그러나 일부 사람들은 미항공우주국이
사진을 조작했다며 여전히 음모론을 포기하지 않고 있다.

　　데자뷔 현상은 파레이돌리아의 특수한 사례로 보아도 별
무리가 없다. 일반적으로 파레이돌리아는 인류 공통이거나 최
소한 동일 문화권에 속하는 거대한 인구 집단이 공통적으로 경
험하는 경우를 말하지만, 범위를 좁히면 개개인에게만 제한적

으로 적용될 수도 있을 것이다. 각자가 가지고 있는 개인적 경험의 기억이 어느 순간 처음 접하는 환경에서 문득 비슷한 패턴으로 인식되는 것이다. 기시감의 실체를 이런 식으로 해석하는 것에 대해서 추가 연구가 진행된다면 흥미로운 결론이 나오지 않을까 기대된다.

파레이돌리아에 주목해야 할 또 다른 중요한 이유는, 사람뿐 아니라 인공지능도 이 현상에 취약하다는 것이다. 2015년에 구글 포토가 흑인 여성 사진을 고릴라로 분류하는 사건이 일어나 큰 논란을 불러일으킨 바 있다. 이 밖에도 정보가 충분하지 않은 상태에서 인공지능이 사실과는 동떨어지거나 왜곡된 답을 내놓는 경우는 심심찮게 일어난다. 인간이 미지의 사물을 자신에게 익숙한 패턴으로 왜곡 해석하는 것처럼 인공지능도 데이터가 충분하지 않으면 자신이 지닌 데이터 범위 안에서 최대한 비슷한 패턴을 지닌 자료를 검색하여 해답이라고 내놓는 것이다. 이런 사회학적 함의 때문에라도 파레이돌리아나 기시감에 대한 다각적인 연구는 좀 더 심도 깊게 진행될 필요가 있다.

2. 시간 여행은 과학적으로
불가능할까

먼 곳으로 편하게 이동하기 위해 인간은 여러 가지 교통 기관을 발명했다. 자동차는 바퀴의 마찰력으로 땅 위를 가고, 비행기는 날개의 양력을 이용해 하늘을 난다. 로켓은 공기가 없는 우주에서도 작용-반작용의 법칙을 이용한 자체적인 제트 분사 추진으로 아득히 먼 거리를 날아갈 수 있다. 모두 물리적 거리라는 장애물을 극복하기 위한 것이다. 즉, 인간은 자신을 둘러싼 시공간 중에서 공간은 어느 정도 다룰 수 있는 셈이다.

그렇다면 공간이 아닌 시간은 어떨까? 사실 시간 여행은 SF에서 가장 인기 있는 소재이지만, 정작 현실적으로 구현하기는 아직 불가능하다. 공간을 이동하기 위해서는 마찰력이나 양력 등을 이용하면 된다는 것을 알지만, 시간 이동에는 어떤 원리를 이용해야 하는지조차 불확실하다. 사실은 시간이라고 하는 것의 성질 자체를 아직 파악하지 못한 상태다.

SF에서 흔히 묘사되는 시간 여행의 대부분은 결정적인 약점을 지니고 있다. 타임머신은 오로지 시간만을 이동하는 장치로 묘사된다. 한 자리에 가만히 머물러 있으면서 과거나 미래를 넘나들 수만 있으면 그걸로 충분할까?

6개월 전의 과거로 시간 여행을 한다고 가정하자. 생각해보면 지구는 태양 주위를 공전하고 있으니 6개월 전에는 지구가 태양의 반대편에 있었을 것이다. 따라서 그 자리에서 6개월 전으로 시간 여행을 한다면 아무것도 없는 우주 공간 한복판에 나타날 수밖에 없다.

그러면 6개월 전으로 시간 여행을 하면서 동시에 태양 반대편으로 공간 이동도 같이 하면 될까? 그래도 안 된다. 태양계 전체도 계속 움직이고 있기 때문이다. 태양은 주변 행성들을 거느린 채로 은하계를 공전하고 있다. 은하계 중심을 기준으로 초속 220킬로미터로 움직이면서 약 2억 5천만 년에 한 바퀴씩 은하계를 돈다. 따라서 어느 특정한 시점으로 시간 여행을 한다는 것은 바로 그 시점에 지구가 위치하고 있었던 우주의 특정 좌표로 이동하는 공간 여행도 동시에 해야 하는 것이다.

사실 현대 물리학은 시간과 공간을 하나의 결합된 개념으로 보고 있다. 예전에는 '시공간 연속체time-space continuum'라는 말을 썼는데, 요즘은 그냥 '시공간spacetime'이라고 한다. 이에 따르면 우주는 3차원 입체에 시간이라는 차원이 하나 더 결합된 것이다. 이런 모델을 가정하고 수학적으로 연구한 것이 상대성 이론을 비롯한 현대 이론 물리학 체계의 주류를 이룬다. 또한 시간의 속도는 중력이나 운동 상태와도 밀접하게 연결된다. 다만 움직이고 있는 좌표계에 이미 탑승해 있는 관찰자는 그 안에서 시간 여행만 해도 자동으로 공간 이동 역시 이루어질지도 모른다. 달리고 있는 기차 안에서 공을 위로 던지면 비스듬히 떨어지지 않고 똑바로 떨어지는 것과 비슷한 원리라고나 할까. 기차 안에서 공을 수직으로 던져도 기차 밖에서 보면 포물선이다. 공에 이미 기차의 가속도가 붙어 있기 때문이다. 이 모든 현상은 관찰자가 속해 있는 시공간이 어떠냐에 따라 달라지는 것이다.

이렇듯 물리적인 시간 여행은 생각할수록 까다로운 점이 많기 때문에 SF 작가들은 물질이 아닌 정보만의 시간 여행을 묘사하기도 한다. 일본 만화 「지평선에서 댄스」나 「루카와 있었던 여름」처럼 인간의 정신이나 영혼만 시간 여행을 하는 식이다. 과학적으로는 근거가 희박하지만 어쨌든 시간 여행의 모순 논란을 비껴 갈 수 있는 한 방법인 셈이다.

그러나 시간 여행의 가장 큰 모순점은 바로 인과율因果律을 거스른다는 것이다. 인과율이란 어떤 결과에는 반드시 특정한 원인이 있다는 법칙인데, 만약 과거로 시간 여행을 해서 그 원인을 없애거나 바꿔 버리면 원래의 결과도 없어지거나 달라질 수밖에 없다. 즉, 인과율이 무너지는 것이고 당연히 시간 여행자가 원래 있었던 현재도 없어지거나 달라질 수밖에 없다. 극단적인 예를 들자면, 시간 여행자가 과거로 가서 타임머신을 부숴 버린다면 과연 시간 여행 자체가 성립할 수 있을까? 이런 논리적 모순 때문에 시간 여행, 특히 과거로의 여행은 불가능하다는 주장이 있다. 시간 여행의 가장 큰 모순은 원인과 결과라는 논리를 우습게 만들어 버린다는 것이다. 과거로 가서 부모님이 서로 만나지 못하게 하면 내가 세상에 존재할 수 있을까? 혹은 아득한 과거로 가서 인류의 조상인 유인원, 아니 지구 최초의 생명체를 없애 버린다면?

이런 상황을 가장 드라마틱하게 묘사한 영화가 <백 투 더 퓨처Back To The Future> 시리즈다. 1편에서 주인공은 30년 전의 과거로 가는데, 각각 처녀와 총각인 어머니와 아버지가 서로에게 관심이 없어 커플로 맺어질 가능성이 낮아지자 주인공은 점점 몸에서 기운이 빠지고 가족 사진에서도 지워지기 시작한다. 세상에서 존재가 사라지려는 모습을 이런 식으로 연출한 것이다. 우여곡절 끝에 어머니가 아버지에게 관심을 보이면서 주인공은 가까스로 살아난다.

그런데 이 작품에서 주목할 부분은 현실에서 가족을 괴롭히던 악당을 주인공이 과거로 가서 혼내 준다는 설정이다. 그다음에 다시 현실로 돌아와 보니 악당은 주인공 가족에게 고분고분하며 허드렛일도 마다하지 않는 등 저자세이다. 과거를 바꾸어 놓았더니 현재도 뒤집힌 것이다. 그런데 앞서 주인공이 과거로 떠나기 전에 현실에 그냥 남아 있던 가족과 악당은 어떻게 된 것일까? 주인공이 과거를 바꾸는 순간 현실도 갑자기 그에

영화 <백 투 더 퓨처>에 나오는 타임머신 모형.
과거로의 시간 여행에서 가장 큰 문제점은
인과율에서 어떻게 해야 자유로울 수 있는가 하는 점이다.

맞게 돌변해 버린 것이라고 넘어 가기엔 설득력이 너무 떨어진
다. 게다가 2편에서는 악당이 주인공의 타임머신을 훔쳐 타고
농간을 부려서 미래가 또다시 암울하게 바뀐다. 이렇듯 시간 여
행에 따라 역사가 쉽사리 뒤집혀 버리는 일이 반복된다는 게 논
리적으로나 과학적으로 문제가 없을까?

그래서 특정 결과를 낳는 특정 원인은 건드릴 수 없으며 시
간 여행은 미래로의 일방 통행만 가능하다고 주장하는 사람도
있고, 아예 시간 여행 자체가 불가능하다는 이론도 나왔다. 과

연 시간 여행의 이런 모순은 빠져나갈 수 없는 것일까? 이에 대한 SF 작가들의 답은 '평행 우주'이다. 흔히 대체 역사라고도 일컫는 이 설정은 위에서 설명한 시간 여행의 문제점을 명쾌하게 해결해 준다. 한마디로 시간 여행은 동시에 다른 평행 우주로 이동하는 차원 여행이기도 하다는 논리이다.

이 설정은 우주가 무한한 수의 평행 우주로 이루어져 있다는 가정을 전제로 한다. 우리는 살면서 매 순간 끊임없이 선택을 하는데, 그 선택의 순간마다 새로운 평행 우주가 계속 생겨난다는 것이다. 예를 들어 직장에서 점심 시간이 되면 도시락을 먹을 수도 있고, 근처 식당에 갈 수도 있다. 이 경우 각각의 선택에 다른 두 가지 평행 우주가 존재하게 된다. 그런데 식당으로 가는 길에 교통사고를 당한다면? 그러고는 그 뒤에 타임머신을 타고 사고를 당한 날로 돌아가서 도시락을 먹는 것으로 바꾼다면? 주인공은 교통사고를 당하는 불행한 과거를 시간 여행으로 바로잡았다 생각하겠지만, 사실은 처음부터 나가지 않고 도시락을 먹었던 다른 평행 우주로 이동한 것일 뿐, 사고를 당한 원래의 역사는 그대로라는 것이다. SF에서는 이런 설정을 평행하게 달리는 무한한 시간 줄기들 사이를 넘나드는 것으로 표현하기도 한다.

1945년에 우리나라가 일본의 지배에서 벗어나지 못하고 계속 식민지로 남아 있는 상황을 묘사한 복거일의 장편소설 『비명을 찾아서』와 이를 원안 삼아 만든 영화 <2009 로스트 메모리즈>는 대표적인 대체 역사물이다. 원작 소설에는 시간 여행이 나오지 않지만 영화에서는 과거를 바로잡아 우리나라가 독립국인 원래의 현재로 돌아온다. 또한 잘 알려진 SF 영화 <터미네이터>나 <스타 트렉> 시리즈는 평행 우주가 스토리 전개에서 큰 비중을 차지하는 작품들이다.

그렇다면 평행 우주 이론은 과학적으로 얼마나 신빙성이 있는 것일까? 사실 현대 물리학에서는 비록 주류는 아니지만 평행 우주의 가능성을 긍정적으로 보는 입장이 있다. 양자역학의 다세계 해석이라는 가설이 그것인데, 이에 따르면 우주의 본질은 무한한 수의 평행 세계들이 실제로 존재하는 다중 우주라는 것이다. 이를 설파하는 대표적인 인물 중 하나가 MIT의 교수인 물리학자 맥스 테그마크Max Tegmark이며, 저서『맥스 테그마크의 유니버스Our Mathematical Universe』에서 그 내용을 단계적으로 잘 설명하고 있다. 또한 이 책에서는 다세계 이론의 선구자로 물리학자인 휴 에버렛Hugh Everett을 주요하게 소개하는데, 사실 에버렛은 SF적 상상력에 물리학적 논거를 제시한 터라 SF계에서 진작부터 관심을 기울였던 인물이었다. 에버렛은 자신이 양자역학적 다원 우주에서 영생할 것이라 믿었고, 나중에 그의 딸 역시 죽음을 맞으면서 먼저 세상을 떠난 아버지와 다른 평행 우주에서 다시 만나리라는 유서를 남겼다고 한다.

3. 스팀펑크라는 평행 우주의 상상력

앞서 시간 여행은 평행 우주들 간의 차원 이동일 수 있다는 가설을 다루었는데, 이는 SF 작가들에겐 신나는 상상력을 펼칠 수 있는 좋은 바탕이 된다. 역사에 만약은 없다지만 평행 우주야말로 가상의 역사를 얼마든지 그려 볼 수 있는 좋은 제재가 되기 때문이다. 넷플릭스에서 세계적인 화제가 된 국산 좀비 드라마 <킹덤>도 가상의 조선 시대가 배경이다. 이렇듯 대체 역사를 새롭게 짜는 일은 치밀하고 설득력 있는 디테일이 전제되어야 하기 때문에 상상력을 발전시킬 수 있는 좋은 동기가 된다.

대체 역사적 상상력 중에서 가장 유명한 것 중의 하나가 '스팀펑크Steampunk'이다. 사이버펑크가 전기·전자 공학에 기반을 둔 것이라면 스팀펑크는 증기기관을 주된 동력원으로 이용하는 기술 체계를 의미한다. 오늘날 인류가 이용하는 대부분의 에너지는 전기이지만, 만약 전기 대신에 증기기관이 계속 발전한 가상의 역사를 그려 본다면 세상의 모습은 어떨까? 스팀펑크는 바로 그런 상상력을 마음껏 펼친 장르이다.

스팀펑크에 속하는 작품으로 잘 알려진 것은 <와일드 와일드 웨스트Wild Wild West>나 <젠틀맨 리그The League of Extraordinary Gentlemen>같은 영화들, 또 <하울의 움직이는 성Howl's Moving Castle>이나 <스팀보이Steamboy>등의 애니메이션이 있다. 이들 작품에는 전기나 디젤 내연기관처럼 보이는 설정도 등장하지만 절대적인 비중을 차지하지는 않는다. 또한 스팀펑크는 엄밀히 말하자면 증기기관 못지않게 주된 문화적 코드로 19세기풍의 시대 배경이 핵심이다. 기술이 고도로 발전한 가상의 19세기이되, 전기·전자 공학보다는 증기기관이나 기계공학이 대세라는 설정인 것이다. 때로는 증기기관뿐 아니라 디젤 엔진 같은 내연기관도 함께 나오기에 '디젤펑크Dieselpunk'라는 표현을 쓰기도 한다.

그런데 사이버펑크나 스팀펑크, 디젤펑크에 공통적으로 붙은 '펑크punk'라는 말에 유의해 보자. 원래 펑크는 거칠고 과격한, 다듬어지거나 길들여지지 않은, 열정이 넘치는, 사회 통념이나 관습에 반하는, 자유분방한 등등의 의미를 품은 말이다. '펑크록'처럼 음악계에서 쓰이던 말이기도 하다. 그런데 SF에서는 과학 기술과 결합되어 작품 속 배경이 되는 시대에서 뭔가 억압과 구속을 깨는 캐릭터 및 성향을 뜻하는 말로 정착이 되었

스팀펑크적인 상상력이 돋보이는 기계 장치를 장착한 사람의 모습. 스팀펑크는
증기기관이 계속 발전해 최첨단 기술로 사용되는 가상 미래를 다루는 장르다.

다. 어떤 기술과 결합하느냐에 따라 접두어가 달라지는 것이다. 이를테면 '바이오펑크Biopunk'는 유전공학이나 생물공학과 결합된 펑크 SF 장르이다.

이렇듯 다양한 펑크 SF 장르의 미덕은 과학 기술적 상상력과 사회학적 상상력이 합체되어 더 풍부한 미래 가능성을 열어 펼칠 수 있도록 영감을 준다는 데 있다. 특히 21세기로 접어든 지금의 세계 시민들은 이전 시대들과는 비교조차 하기 힘든 복잡한 환경에서 삶을 영위한다. 정보 통신 기술의 발달로 인류 역사상 최고로 풍족한 정보 혜택을 누리지만, 삶의 질도 그만큼 높다고는 할 수 없다. 소득 격차는 계속 벌어져서 상대적 빈곤이나 박탈감은 심화되고, 한국의 경우 청년 세대의 취업난도 심각하다. 최근 한국은 출생률도 기록적인 저하를 보이고 있다.

하지만 이런 환경을 일신할 수 있는 것도 과학 기술이다. 과학 기술의 발달은 인류 문명을 선형적으로 발전시키는 게 아니라 어떤 특이점의 도래를 가져올 걸로 예측하는 사람이 많다. 즉, 이제까지 인류 역사의 추이를 그대로 반영한 미래 전망은 더 이상 들어맞지 않을 가능성이 높다는 것이다. 그렇다면 21세기 이후의 미래를 내다보고 대비하기 위해서는 과학 기술과 결합된 과감한 펑크적 상상력이 필요한 것은 아닐까? 이러한 상상력은 예전에 '마법'으로 불렸던 것들이 '과학'의 영역으로 들어오는 것을 의미한다. 특히 SF는 과학과 마법이 하나가 될 때를 잘 그려 내는 장르 가운데 하나다. 이와 관련해서 일찍이 예리한 통찰력을 선보인 작가가 있는데, 바로 『라마와의 랑데부』,

『2001 스페이스 오디세이』 등의 걸작을 남긴 세계적인 SF 작가이자 미래학자였던 아서 클라크다. 그는 '클라크의 3법칙'이라는 어록으로도 유명하다. 이 법칙은 인류 역사에서 과학 기술의 발전 과정을 살펴본 그가 남긴 예리한 통찰을 담고 있다.

이 법칙의 첫 번째는 다음과 같다. "유명하고 나이 지긋한 어떤 과학자가 '○○○는 가능하다'고 말한다면 아마도 옳을 것이다. 그런데 그가 '○○○는 불가능하다'라고 하면 그건 틀리기 십상이다."

○○○에 해당하는 것 중에 가장 유명한 사례가 바로 우주선이다. 영국의 저명한 천문학자 리처드 울리Richard Woolley는 로켓과 우주선이라는 개념에 대해 젊은 시절부터 회의적이었다. 그는 공기보다 무거운 물체를 하늘로 쏘아 올린다는 건 잠깐의 이벤트는 될 수 있을지언정 과학적으로나 사업적으로 유의미한 일이 될 수는 없다고 믿었다.

그는 1956년에 왕실 천문관에 임명될 때에도 『타임』지와의 인터뷰에서 "로켓 우주선은 완전히 허튼소리다. 누가 그런 것에 투자를 하겠나? 차라리 그 돈으로 좋은 천문 관측 장비를 장만하면 우주에 대해 훨씬 더 많이 알게 될 것이다"라고 말했다. 문제는 이게 세계 최초의 인공위성인 스푸트니크가 발사되기 불과 1년 전이었다는 점이다. 그가 이 말을 남기고서 몇 년 지나지 않아 인공위성은 우주 개발의 핵심적인 사업으로 떠올랐고, 또 13년이 지나자 인간이 달에 가기에 이르렀다. 사실 훗날 밝혀지기로는 울리의 말이 언론에 의해 왜곡되었다는 지적도 나왔지만, 아무튼 중요한 것은 과학 기술계에도 종종 완고한 보수성이 혁신을 가로막는 경우가 있다는 점이다.

클라크의 두 번째 법칙은 이렇다. "가능성의 한계를 발견하는 유일한 방법은 불가능의 영역으로 살짝 들어가 보는 것이다." 사실 이것은 과학 기술 실험에서 실제로 많이 적용하는 방법이다. 예를 들어 내열성이 뛰어난 신소재를 개발한 뒤 어느 정도의 고온까지 견디는지 알아보려면 불에 타거나 녹을 때까지 계속 온도를 높이면서 열을 가하는 실험을 해 봐야 한다.

그런데 이 법칙은 인체 실험에서 그 의미심장함이 두드러진다. 인간은 과연 혹독한 환경에서 얼마나 견딜 수 있을까? 예를 들어 '우주 공간은 기압이 사실상 0이고 기온도 매우 낮은데, 우주인이 사고로 이런 환경에 노출된다면 얼마나 견딜 거라고 예상하고 우주복을 만들어야 할까'와 같은 문제가 있다. 그러나 인체 실험은 윤리적인 문제로 엄격히 통제되어야 하기에 클라크의 2법칙과 같은 방법론을 적용하기는 쉽지 않다. 그럼에도 미군에서는 군인을 대상으로 이런 실험을 행했던 기록이 전해지는데, 예를 들어 섭씨 100도의 온도를 지닌 고체나 액체에 닿으면 인체는 심각한 화상을 입지만, 기체라면 한동안 견딜 수 있다는 사실은 그런 과정에서 나온 것이라고 한다.

클라크의 세 번째 법칙은 "고도로 발달한 기술은 마법과 구별되지 않는다"이다. 만약 미신을 믿지 않고 합리적인 사고를 갖춘 중세 과학자라도 20세기에 와서 여러 문명의 이기들을 본다면 마법이라고밖에는 생각하지 못할 것이다. 전자와 전파의 원리를 모르니 텔레비전은 마법 상자와 다를 바 없고, 특정한 임계 질량만 넘으면 핵폭발이라는 무시무시한 현상이 일어나는 우라늄이나 플루토늄 같은 광물질은 그의 세계관을 송두리째 흔들 것이다. 그런데 재미있는 것은 20세기를 지나 21세기가 된 현재에도 마법 같은 일들이 속속 과학 기술로 가능해지고 있다는 사실이다. 인공지능과 로봇 기술의 발달은 인간만이 할 수 있다고 믿었던 예술 같은 창의적 영역까지 점점 넘어 들어오고 있다.

클라크의 세 번째 법칙은 SF와 판타지의 경계도 허물어 뜨리는 함의를 지닌다. 원래 SF는 최소한의 과학적 합리성을 바탕에 까는 반면, 판타지는 물리 법칙 등의 과학적 개연성을 무시하고 그야말로 자유분방하게 마음껏 상상력을 발휘하는 분야다. 그런데 과학 기술로 인해 '사이버 스페이스', 즉 컴퓨터 가상 공간이라는 개념이 등장하면서 과학적 상상력은 더 이상 어떤 제약도 느낄 필요가 없게 되었다. 자연 법칙 따위는 완전히 무시하고 어떤 상상을 펼쳐도 사이버 스페이스에서는 가능하기 때문이다. 이런 발상의 연장선에서 우리의 현실이야말로 사실은 가상 세계가 아닐까 하는 아이디어가 나왔다. <매트릭스>나 <13층The Thirteenth Floor> 같은 영화들은 모두 이런 발상을 스토리텔링으로 발전시킨 것이다.

클라크의 세 번째 법칙에서 과학 기술이 마법과 사실상 동일해지는 시점이야말로 어쩌면 인류 역사에서 특이점이 도래하는 때일지도 모른다. 즉, 인류와 과학 기술의 발달이 예측 가능한 선형적 추세를 넘어 급격한 질적 도약을 하게 되는 것이다. 그렇게 되면 인류는 호모 사피엔스가 아닌 다른 이질적인 존재로 탈바꿈하지 않을까? 아서 클라크의 또 다른 걸작인『유년기의 끝*Childhood's End*』은 바로 이런 초인류를 다룬 장대한 스케일의 이야기이다.

4. 빅 브라더, 리틀 브라더

어떤 온라인 모임에서 쓸쓸한 일을 보았다. 대화가 오가는 중에 감정이 격해지면서 여러 사람이 상처를 받았는데, 한 발자국 물러서서 보면 온라인 툴에 사람들이 놀아나는 것이나 다름없었다. SNS에 익숙한 사람이라면 누구나 이런 용어들을 알 것이다. 추천, 좋아요, 차단, 삭제. 상대가 나에게 어떤 조치를 취했다면 그 흔적은 바꾸지 않는 한 계속 남아서 온라인에 접속할 때마다 의식하게 된다. 물론 오프라인에서 만날 때에도 마찬가지다. 예전에 없던 문명의 신기술이라지만 친교를 강화하기보다는 오히려 인간관계를 교란시키는 경우가 많은 것은 아닌지 모를 일이다.

디스토피아 문학에서 기념비적인 작품으로 꼽히는 조지 오웰George Orwell의 『1984년 *Nineteen Eighty-Four*』에는 모든 국민을 감시하는 '빅 브라더'가 등장한다. 거리나 건물은 물론이고 각 개인의 집집마다 전자 감시 장비들이 설치되어 있어서 모두의 일거수일투족을 모니터한다. 『1984년』에서 묘사한 이런 미래 사회의 하드웨어는 현재 어느 정도 우리의 현실이 되었다. 거리마다 CCTV가 있고 개인의 신상 정보들도 각종 사이트와 SNS를 통해 나도 모르게 공유된다. 물론 거리의 CCTV 등은 공공 안전에 기여하는 순기능이 더 크다고 보지만 어디까지나 정치 체제가 민주적으로 운영될 때의 이야기다.

그런데 사람들이 의식하지 못하도록 누군가가 은밀하게 들여다보는 일은 현실이기도 하다. 『1984년』처럼 노골적으로 사람들을 통제하는 것이 아닐 뿐, 개인의 신용 정보나 위치 정보는 데이터베이스에 일정 기간 남아서 거래 등 불법적인 행위의 대상이 된다. 빅 브라더처럼 노골적으로 군림하는 하나의 존재가 아니라 여러 국가 기관이나 기업 등이 동시다발적으로 감시의 주체가 되는 '리틀 브라더'의 세상이 된 것이다.

캐나다 작가 코리 닥터로우Cory Doctorow의 소설 『리틀 브라더 *Little Brother*』는 한 고교생이 테러 용의자라는 부당한 의심을 받아 정부로부터 쫓기는 이야기이다. 전자 감시 체계는 보행자들의 걸음걸이 모양만 보고도 그 패턴을 분석해서 개인을 특정할 정도이기 때문에 주인공은 신발에 돌멩이를 집어넣은 채 다니기도 하지만 결국은 체포되고 만다. 작가는 오웰의 『1984년』에 등장하는 빅 브라더나 다름없는 현대의 전자 감시 체계와 그를 운용하는 정부 기관에 항의하는 의미로 소설에 '리틀 브라더'라는 제목을 붙인 것이다. 우리나라에서는 2016년에 국회에서 테러방지법에 반대하는 필리버스터 때 서기호 국회의원이 단상에서 읽은 책으로도 유명하다.

작가 코리 닥터로우는 예전부터 독점적 지적 재산권에 반대하는 활동가로도 유명한 인물이다. '카피레프트copyleft' 정신에 입각하여 자신의 작품을 누구나 볼 수 있도록 온라인에 올려놓기도 했고, 저명한 블로그 '보잉 보잉Boing Boing'의 편집인으로 인터넷 언론 활동도 지속하고 있다. 『리틀 브라더』의 주인공이 대학에 간 뒤 학자금 대출로부터 비롯되는 사건을 묘사한 속편 『홈랜드Homeland』도 냈다. 소설에서는 국민의 자유와 청년들의 삶을 담보로 더러운 거래를 일삼는 기업과 정치인들이 적나라하게 등장한다.

현대에 빅 브라더 대신 등장한 리틀 브라더들의 정체는 사실 정부나 기업뿐만 아니라 우리 모두가 아닐까. 인터넷에서 신상 털기를 하고, SNS에 올린 타인의 정보를 함부로 퍼다 나르며, 온라인에 올라온 사람들의 의사표현을 왜곡하거나 감정적으로 받아들여 더 큰 풍파를 일으킨다. 과학 기술은 인간에 의해 발달하지만 동시에 인간에게 영향을 끼치는 되먹임 작용을 한다. 인간이 과학 기술을 낳았듯이 다시 과학 기술이 새로운 인간을 낳는 것이다. 이런 관점에서 SNS를 비롯한 새로운 의사소통이나 친교 수단이 행여 인간성의 변질을 초래하지는 않을

지 우려스럽다.

대부분의 SF에서 강력한 과학 기술, 혹은 그와 관련된 지식은 국가나 조직이 독점적으로 통제하고 관리하기 마련이다. 결국 이들은 또 다른 '빅 브라더'라고 할 수 있다. 그리고 이런 구도에 대항하는 외로운 주인공이라는 설정 역시 꽤 익숙한 이야기 패턴이다.

이번에는 이런 영웅담에 주목하기보다 과학 기술 권력 그 자체를 하나의 캐릭터로 보고 이야기 안에서 어떤 방식으로 다루어지는지 몇 가지 예를 살펴보자. 이를 통해서 체제 바깥의 과학 기술이라는 주제에 대해 논의의 윤곽을 조금이나마 구체화하고자 한다.

먼저 소개하는 이야기는 SF가 아니라 실제로 있었던 일이다. 제2차 세계 대전이 막바지에 다다른 1944년 어느 날, FBI 수사관들이 미국 뉴욕에 있는 한 싸구려 잡지사에 들이닥쳤다. 잡지의 이름은 『어스타운딩 사이언스 픽션Astounding Science Fiction』으로 당시 미국에서 발간되던 통속적인 SF 잡지였다. 이 잡지는 대부분 유치한 분위기의 표지 그림과 조악한 지질, 말초적인 오락물 소설 등으로 채워져서 점잖은 대접을 못 받던 펄프 매거진 pulp magazine 가운데 하나였다. 그런데 그들은 국가 기밀 누설 혐의를 받고 있었다. 당시 미국 정부에서 극비리에 개발 중이던 가공할 신무기가 그 잡지의 한 단편 소설에 생생하게 묘사되었던 것이다.

1930년 1월 자 『초과학의 놀라운 이야기』 첫 번째 호.
이 분야에서 오래된 잡지로 1938년에는 『어스타운딩 사이언스 픽션』,
1960년에는 『아날로그 사이언스 팩트 & 픽션Analog Science Fact & Fiction』이라는
이름으로 변경되었다.

문제의 작품은 클리브 카트밀Cleve Cartmill이란 작가가 쓴 단편「데드라인Deadline」이었고, 이 작품에서 묘사된 가공할 신무기란 다름 아닌 원자폭탄이었다. 소설 속에서는 전쟁 당사국들이 결국 원자폭탄을 사용하지 않기로 선언한다. 원자폭탄의 위력이 너무나도 대단해서 인류에게 큰 위협이 된다는 사실을 깨달았기 때문이다.

당시 미국 정부는 세계 최고의 과학자들을 끌어 모아 '맨해튼 프로젝트Manhattan Project'라는 이름 아래 극비리에 원자폭탄을 개발하던 중이었다. 그리고 그 보안을 유지하기 위해 모든 언론 매체에 그와 관련된 일체의 정보 공개를 막았고, 심지어 과학 잡지에서 학술적인 주제가 되는 일도 교묘하게 방지했다. 그러나 SF 잡지는 아무런 통제나 공작도 취하지 않고 그냥 내버려 두었다. '유치한 SF 작가나 독자들 따위'는 신경 쓸 필요가 없다고 판단한 것이다. 그래서 핵무기에 대해 공개적으로 자유롭게 논의했던 사람들은 SF 잡지와 그 독자들뿐이었는데, 결과적으로 그 내용이 싸구려 SF 잡지에 적나라하게 드러났으니 보안 당국이 혼비백산한 것은 당연했다.

과연 그들은 기밀을 빼돌렸던 것일까? 그렇지 않았다. 그 작가는 어디까지나 공공 도서관에서 누구나 쉽게 접할 수 있는 물리학 이론서들만을 참고하여 작품을 썼을 뿐, 나머지는 오로지 작가의 상상력만으로 채워진 것이었다. 당국에서는 결국 이 사건이 순전히 우연의 일치, 아니 SF 작가의 상상력에 기인한 '필연적인 우연'임을 깨달았고, 반면에 당시 SF 독자들은 상당

1950년에 출판된『갤럭시 사이언스 픽션Galaxy Science Fiction』초판본 커버.
통속적인 SF 잡지 가운데 하나였으나
기라성 같은 작가들의 소중한 지면 가운데 하나였다.

히 어깨가 으쓱해졌다고 한다.

　로버트 하인라인의 소설 중에「달을 판 사나이The Man Who
Sold The Moon」라는 작품이 있다. 20세기 중후반을 배경으로 달에
가는 것에 자신의 인생을 건 남자가 주인공이다. 즉, 가상의 역
사다. 그는 이 소원을 이루기 위해 사업을 일으켜 스스로의 힘
으로 막대한 자금을 축적하려고 한다. 그러나 기업 윤리를 우선
으로 치는 공동 경영자와는 사사건건 대립하고, 달의 소유권을
둘러싸고 정부와도 충돌한다. 자금은 아무리 애써도 넉넉히 채

워지지 않아 계획은 난항을 거듭하지만 주인공은 불굴의 집념으로 그 모든 장애물을 극복해 나간다. 마침내 그가 탄생시킨 최초의 유인 로켓이 달을 향해 발사되기에 이르지만, 그는 이미 심장 쇠약에 걸려 발사 시의 엄청난 중력 가속도를 버틸 수 있는 몸 상태가 아니었다.

그로부터 수십 년 뒤, 거부가 된 주인공은 밤마다 망원경으로 달을 바라보면서 주체할 수 없는 고독을 달랜다. 이미 달에는 관광 로켓까지 날아다니지만 건강이 좋지 않은 그로선 로켓 탑승은 꿈도 꿀 수 없다. 그는 은퇴한 로켓 조종사들의 힘을 빌려 생애 최초이자 최후의 달 여행을 떠난다. 그러고는 긴 인생의 길을 거쳐 겨우 도달한 달 표면에서 마지막 숨을 거둔다.

앨프리드 베스터Alfred Bester의 장편 『타이거! 타이거!*Tigar! tigar!*』는 수많은 추종자들을 거느린 매력적인 걸작 장편인데, 끝 부분에 상당히 흥미로운 장면이 하나 펼쳐진다. 소설에서는 '의지와 사유'만으로 점화되어 무시무시한 에너지를 뿜어내며 대폭발을 일으키는, '파이어PyrE'라는 일종의 핵물질 덩어리가 있다. 정부 요원들에게 쫓기고 있는 주인공은 이 파이어 덩어리들이 담긴 가방을 가지고 지구 곳곳을 돌아다닌다. 그러면서 군중들이 모여 있는 데마다 가서 이 덩어리들을 집어던지며 외친다.

"파이어요! 가지고 있으시오! 이것이야말로 여러분의 미래요!"

"파이어요! 위험하오! 죽음이오! 여러분의 것이오! 이 물질에게 무엇인가 이야기하도록 하는 게 좋을 것이오!"

"파이어란 말이오! 우리의 더러운 죽음! 정신 차려야 하오!"

쇼핑객들로 붐비는 혼잡한 샌프란시스코의 거리에서, 점심을 먹으러 쏟아져 나온 알래스카의 노동자들 앞에서, 아침 러시아워의 동경에서, 파리 샹젤리제에서, 런던 피카딜리 서커스에서, 바그다드, 뉴델리, 방콕에서, 주인공은 이 위험하기 그지없는 물질을 무방비 상태로 불특정 다수의 군중에게 나눠 줘 버린다. 얼마 지나지 않아 지구는 도처에서 일어난 거대한 폭발들로 아수라장이 된다. 아마도 전면 핵전쟁에 비견될 만한 상황일 것이다.

사실 이 작품은 매우 복잡한 구성과 배경을 지닌 이야기이다. 안티 히어로인 주인공의 캐릭터도 여기서 짧게 설명하기엔 한계가 있다. 형식은 장편 소설이지만 마치 한 장의 태피스트리처럼 이야기 전체가 하나의 시적 이미지로 직조되어 있으며, 주인공의 무책임한 행동도 액면 그대로 보기보다는 하나의 거대한 상징을 의도한 퍼포먼스로 이해하는 편이 낫다.

위의 이야기들에서 공통적으로 이끌어 낼 수 있는 유익한 맥락은 무엇일까? 과학 기술 권력은 그 자체가 독립적으로 인간과 상호 작용하면서 예측의 범위를 벗어나 버리는, 살아 꿈틀대는 유기체와 같다는 깨달음일까. 아니면 더욱더 강력한 통제력으로 구속해야 마땅한 위험 취급물처럼 여겨야 한다는 것일까.

분명한 것은 위의 이야기들이 모두 20세기 중반 이전에 나왔다는 것이다. 이것은 모두 과학 기술의 발달 속도가 가파른 가속 곡선을 그리기 시작하면서 파생된 일종의 '시행착오'에 해당하는 에피소드다. 오늘날 과학 기술 권력은 매우 정교하게 집권 체제에 의해 관리되고 있으며, 위의 이야기들과 같은 일탈은 쉽게 일어나지 않는다.

그러나 인공지능과 인간 두뇌가 서로 접점을 찾아가며 궁극적으로 결합한다는 특이점 시나리오에서는 다시 위와 같은 시행착오들이 대거 등장할 가능성이 있다. 그리고 이번에는 그 파문들이 일회성 해프닝 같은 수준에서 끝나지 않을 수도 있다. 20세기의 과학 기술사 배경에서 벌어진 위의 에피소드는 인간과 과학 기술 권력의 물리적 결합이었지만, 21세기에는 이것이 매우 끈끈한 화학적 결합으로 반복 재생될 것이기 때문이다.

5. 정보 단말기
문화인류학

1990년대 초에 책을 한 권 번역해 낸 적이 있다. 그동안 절판 상태였다가 몇 년 전에 다른 출판사에서 재출간 제의를 받았다. 처음에 번역했던 원고 파일을 백업해 둔 기억이 있어서 그걸 찾아 보내 주기로 했다. 그런데 막상 백업을 찾고 나니 난감했다. 플로피 디스크에 담겨 있었던 것이다. 당연히 요즘 컴퓨터에는 플로피 디스크 드라이버가 달려 있지 않으니 파일을 읽어 낼 방법이 없었다.

수소문 끝에 구형 컴퓨터를 가지고 있다는 용산 전자 상가의 어느 가게를 찾아갔다. 하지만 다시 한 번 낭패를 경험했다. 그곳에 있던 컴퓨터의 디스크 드라이버는 3.5인치 디스켓용이었다. 백업해 둔 디스크는 구형인 5.25인치였으니 호환은 불가능했다. 결국 사람을 구해서 예전 책의 내용을 전부 다시 타이핑해야 했다.

현대는 이렇듯 과학 기술의 세대교체 주기가 빠르다. 특히 정보 통신 분야는 채 10년도 안 되는 것 같다. 개인적으로 지난 30여 년간 사용했던 컴퓨터는 286AT에서 출발하여 386, 486을 거쳐 펜티엄 I, II, III까지는 기억하는데 그 뒤로는 뭐라고 불렀는지 생각도 나지 않고 사실 관심도 없다. 이제는 그저 습관적으로 몇 년마다 한 번씩 업그레이드하여 교체해 쓸 뿐이다.

요즘 젊은 세대, 구체적으로 말해서 21세기에 태어나 자란 이들은 데스크탑 컴퓨터라는 개념 자체도 그다지 친숙하지 않은 것 같다. 그들에겐 스마트폰이 만능 정보 단말기이다. 그 스마트폰도 몇 년에 한 번씩 세대교체가 일어난다. 과연 이런 추세는 언제까지 유효할까?

세계적인 SF 작가였던 아이작 아시모프는 일찍이 궁극의 정보 단말기에 대해 쓴 적이 있다. 별도의 전원이 필요 없고 덥거나 추운 외부 환경에도 별문제 없이 견딘다. 사용법은 매우 쉬워서 유치원생이라도 금방 익힐 수 있다. 담겨 있는 정보는 어느 부분이든지 바로 열어 볼 수 있다. 무엇보다도 수명이 길어서 보관만 잘하면 최소 수백 년 이상은 너끈하다.

이 궁극의 정보 단말기는 바로 책이다. 저장 용량은 현대의 전자 통신 기기 메모리에 비길 수 없을 만큼 작지만 위에 열거한 장점들은 절대 우위이다. 현대전에서 피할 수 없는 전자기

폭풍EMP이 모든 전자 기기들을 먹통으로 만들어도 책에는 전혀 영향을 끼치지 못한다. 중계 통신망이 무너지고 전기가 끊기는 재난 상황에는 사실상 책 말고는 유용한 정보 단말기가 없을 것이다.

그런데 정보 단말기보다도 그걸 사용하는 우리 인간에게 드는 의문이 있다. 사실 호모 사피엔스는 각자 개인적으로 감당할 수 있는 정보의 양에 한계가 있는 건 아닐까? 정보 통신 기술의 발전은 세상의 정보량을 기하급수적으로 증가시켜 왔지만 그만큼 쓰레기 정보도 불어나고 있다. 이제 현대인이 갖춰야 할 덕목 중에는 양질의 정보와 쓰레기를 구별해 내는 안목도 필수다. 이를테면 가짜 뉴스를 들 수 있다. 예를 들면, 고등학교 동창들이 모인 온라인 커뮤니티에 '아베 수상의 조부가 일제 강점기의 조선 총독이었던 아베 노부유키'라는 엉터리 정보가 올라온 적도 있었다.

인간은 일정 수준을 넘어선 정보량을 접하면 이성적이고 합리적인 판단 능력이 멈추고 확증 편향이라는 뒤틀린 방어기제가 작동하는 경향이 있지 않나 하는 의구심이 든다. 만약 그렇다면 과학 기술의 가속 발달로 정보량이 폭발적으로 증가하는 빅데이터의 시대는 자칫 악몽으로 귀결될지도 모를 일이다. 21세기에 나고 자란 사람들은 활자 매체보다 동영상에 더 익숙한 인류 역사상 첫 세대라 할 만하다. 궁금한 것이 있으면 유튜브를 제일 먼저 찾아본다. '구텐베르크 마인드가 저물어 가는 시대'인 21세기 신인류는 과연 책과 스마트폰의 본질적인 차이를 깨달을까? 저장 용량의 차이는 사실 그걸 받아들이는 우리 인간의 수용 능력의 차이일 수도 있다는 점을 의미심장하게 받아들일까?

그보다 앞서 빅데이터에 관해 두 가지 측면에서 논의가 필요하다. 하나는 현상에 대한 효율적인 대처다. 예를 들어 심야 시간에 전화 통화량이 많은 지점들을 빅데이터 분석을 통해 파악한 뒤, 그곳들을 경유하도록 심야 버스 노선을 결정하여 이용률을 높인 사례가 대표적이다.

다른 하나는 미래 예측이다. 축적된 빅데이터를 기반으로 근 미래의 사회 흐름을 내다보려는 것이다. SF 작가들은 '빅데이터'라는 말이 널리 회자되기 훨씬 전부터 바로 이 점에 많은 관심을 기울여 왔다.

빅데이터의 이상적인 목표는 정확한 사회 예측일 것이다. SF 작가 아이작 아시모프는 은하 문명의 흥망성쇠를 다룬 대하 장편소설『파운데이션』시리즈의 첫 스토리를 1942년에 한 SF 잡지에 발표했는데, 여기서 등장하는 '심리역사학'이라는 가상의 학문이 바로 빅데이터를 이용해 사회의 변화를 미리 예측하고 적절히 대응하려는 방법론이다. 심리역사학, 혹은 그와 유사한 아이디어는 그 뒤로 적잖은 작가와 작품들에 나타난다. 우리나라에도 잘 알려진 일본의 대하 장편 소설『은하영웅전설』에도 심리역사학의 개념이 등장한다. 또한 댄 시먼스의 장편『히페리온』에는 '테크노코어'라는 인공지능들의 문명이 나오는데, 이들은 미래에 일어날 일들을 매우 높은 정확도로 통계적으로 예측할 수 있다.

한편 <스타 트렉> 시리즈의 외전인 <딥 스페이스 나인Deep Space Nine>의 6시즌 아홉 번째 에피소드인 '통계적 확률들Statistical Probabilities'에는 수학적으로 미래를 예측하려는 두뇌 집단이 등장한다. 이들의 미래 예측 방식도 아이작 아시모프의 심리역사학과 상당히 흡사하다.

그런데 아시모프의 『파운데이션』에서는 심리역사학이 항상 잘 들어맞기만 했던 것은 아니다. 소설에서는 예측을 벗어난 돌연변이 인물이 나타나 문명의 흐름을 크게 뒤흔든다. 오늘날 카오스 이론이나 나비 효과로 일컬어지는 돌발 변수의 걷잡을 수 없는 확산 효과를 당시의 작가 아시모프도 정확히 인지하고 있었다.

이러한 돌발 변수는 SF 문학에서는 예정된 운명을 거스르는 인간의 자유의지를 은유하는 것으로 묘사되기도 한다. 대표적인 것이 필립 K. 딕Philip K. Dick의 『마이너리티 리포트The Minority Report』나 『조정국Adjustment Team』 같은 소설이다. 둘 다 영화로 제작되었으며 후자는 국내에 <컨트롤러The Adjustment Bureau>라는 제목으로 개봉했다. 필립 K. 딕은 규격화되고 꽉 짜인 현대 사회에서 개인들이 정체성의 혼란을 겪고 있다고 보았는데, 빅데이터에 대한 비판적 성찰도 이러한 시각에서 출발할 수 있을 것이다. 다시 말해서 인간은 거대한 빅데이터 속의 한낱 수치들보다는 더 크고 복잡한 존재인 것이다.

미국 SF 잡지 『판타스틱 유니버스Fantastic Universe』에 실린
마이너리티 리포트(1956년)

최근 빅데이터와 함께 '빅 히스토리Big History'라는 말도 관심의 대상이 되고 있다. 역사를 인간들만의 단선적인 연대기로 파악하는 것이 아니라, 이 세계와 우주라는 거대한 흐름 전체의 일부라는 맥락으로 기술하려는 접근법이다. 사실 이러한 시야로 역사를 다루는 것이야말로 가장 객관적이라 할 수 있을 것이다. 왜냐면 인간의 역사는 결국 주변 환경과의 유기적인 소통을 통해서만 성립해 올 수 있었던 것이기 때문이다.

인류 문명의 '히스토리'는 '영속성'을 전제로 두는 개념이다. 문명이 어느 시점에서 단절된다면 히스토리도 함께 멈춘다. 우리가 빅데이터에 주목하고 그를 통해 사회의 다양한 변수들을 적절히 통제하려는 것은 문명의 종말이 아닌 영속성을 지키기 위해서이다. 21세기 들어 과학 기술의 발달 속도에 본격적인

가속이 붙은 상황에서 우리가 빅데이터를 더 이상 SF 속의 개념
으로 묻어 두지 않고 현실에서 이용하려는 것은 궁극적으로 새
로운 빅 히스토리를 기획하려는 시도이다. 특이점을 포함한 많
은 빅데이터의 변주 시나리오들이 이미 여러 SF에서 다양하게
전망되고 있다.

6. 적정 기술 이념의 미래

낡은 CRT 음극선관 모니터를 계속 보관하고 있었는데, 한 과학관에서 'MS-DOS 체험' 코너를 만들면서 모니터도 옛날 것을 쓴다 해서 대여해 준 적이 있었다. CRT는 흔히 브라운관이라고 부르던 것이다. 요즘은 텔레비전이나 컴퓨터 모니터가 모두 가볍고 얇은 LCD 액정 디스플레이를 쓰지만 2000년대 초까지만 해도 브라운관을 사용했다.

과학관에 가 보니 19인치 CRT 모니터는 컴퓨터 본체보다 더 무겁고 크다. 윈도우 이전에 쓰던 소프트웨어 운영체제인 '도스'를 기반으로 저해상도 그래픽의 간단한 게임을 할 수 있게 해 놓았는데, 아이들은 물론이고 어른들도 추억에 젖어 신이

난 모습이었다.

전자공학 쪽만큼 적정 기술의 구현이 빠르게 진행되는 분야도 드물 것이다. 적정 기술이란 간단히 말해서 제조 및 유지비가 최소화되는 방향으로 기술 개발을 하는 개념을 뜻한다. LCD가 처음 나왔을 때는 가격이 비싸서 대부분 CRT를 그냥 썼지만, 대량 생산으로 단가가 내려가고 무엇보다도 가볍고 수명도 길고 전기도 덜 먹는 등의 압도적인 장점들 때문에 이내 대세가 되었다.

모니터뿐만 아니라 보조 기억 장치도 극적인 발전이 있었다. 1979년에 250MB 용량의 하드디스크는 무게 약 250킬로그램에 가격은 1천만 원이 넘었다. 요즘 같으면 영화 한 편도 못 담는다. 반면에 지금은 그보다 용량이 100배는 넘는 마이크로 SD 메모리가 무게는 1그램에도 못 미치고 가격은 100분의 1 수준으로 떨어졌다.

흔히 알려지기로 적정 기술은 간단한 과학 기술 원리를 이용하여 저개발 국가의 극빈층에게 기본적인 생활 인프라의 향상 혜택을 누리도록 하자는 아이디어였다. 표백제 섞은 물이 담긴 페트병을 천장에 꽂아서 태양광 확산 효과를 이용한 조명 장치로 쓴다거나, 플라스틱 물통을 바퀴 모양으로 만들어 먼 거리에서 식수를 구해 오는 사람이 힘을 덜 들이고도 굴려서 운반할 수 있게 하는 등등이 바로 그것이다. 그러나 적정 기술은 그런 로우테크low tech만을 의미하는 것은 아니며, 해당 사회의 기준에 맞는 탄력적인 개념으로서 얼마든지 전자공학 같은 하이테크에도 적용될 수 있다. 오히려 환경 오염 물질 배출을 최소화하는 친환경도가 중요한 기준이다.

세계적으로 극빈층은 갈수록 줄어들고 있으며 이에 따라 적정 기술 개념에 부합하는 과학 기술 수준도 상향 평준화 추세이다. 점점 더 적은 자원과 에너지를 쓰면서도 더 많은 혜택을 누리는 방향으로 발전하고 있다. 의도적으로 적정 기술을 추구하지 않더라도 시장의 원리가 그런 방향을 좇기도 한다. 값은 내려가고 성능은 올라가는데 마다할 사람은 없다.

이런 추세의 미래는 어떤 모습일까? 고도 성장 사회에서 적정 기술은 이따금 쓰레기를 대량 발생시키는 귀결로 간다. 생산 단가가 너무 낮아져 고쳐 쓰기보다 새로 사는 게 비용이 더 적게 드니, 조금만 탈이 나거나 심지어 싫증이 나도 그냥 버린다. 이렇게 나온 폐기물들이 새로운 환경 오염을 일으킨다. 적정 기술의 딜레마가 아닐 수 없다.

결국은 우리들의 가치관 변화에 달렸다. 친환경 에너지로의 전환에서도 제기되는 문제지만, 우리 세대만이 아닌 후손들과 지구 생태계의 미래를 생각해야 한다. 온실가스 배출로 인한 기후 변화나 환경 오염은 모두 우리 후손들에게 떠넘기는 빚이다. 이와 관련된 논의는 항상 꼼꼼하게 모든 것을 따져 볼 필요가 있다. 예를 들어 원자력 발전의 양호한 가격 대 성능비는 핵폐기물 처리나 재난, 보안에 대한 비용까지 고려해도 과연 유효한지 따져 볼 필요가 있다. 이와 관련해 일본의 후쿠시마 원자력 발전소의 폭발과 이에 따른 방사능 오염수 처리 문제 등은 적절한 예가 될 수도 있다. 과학 기술과 사회에 관련된 이 모든 문제를 고려하면, 더 늦기 전에 새로운 적정 기술 이념의 모색을 시작해야 한다. '싼 게 비지떡'이란 속담은 현대 인류 문명이 곱씹어야 할 화두인 것이다.

이미 다음 세대들이 행동으로 나서고 있기도 하다. 2003년 스웨덴에서 태어난 그레타 툰베리Greta Thunberg는 UN기후행동정상회담에서 '어떻게 우리한테 감히 이럴 수 있느냐'라며 기성세대를 준엄하게 꾸짖은 바 있다. 생각하면 할수록 현재의 기성세대는 십 대들에게 큰 죄를 짓고 있는 게 틀림없다. 이와 관련해 유의미한 영화 작품이 있는데, 바로 1968년 미국에서 개봉된 <와일드 인 더 스트리트Wild in the Streets>다. 영화에서는 누구나 30세가 되면 강제 은퇴를 하고, 35세 이상이면 의무적으로 재교육 캠프에 들어간다. 산업은 인공지능과 청소년 천재들이 도맡는다. 10대가 지배하게 된 미국이 이처럼 혁명적인 변화를 보이자 다른 나라들도 비슷한 길을 걷는다. 정보 기관은 해체된 뒤 '세대 경찰'로 탈바꿈한다. 숨어 있는 어른들을 색출하기 위해서다. 농산물 등 잉여 생산품들은 가난한 제3세계 나라들에 무상 공여된다. 영화 자체는 히피 등 반문화 운동들이 융성하던 1960년대 분위기에서 탄생한 블랙 코미디지만, 그레타 툰베리의 사례에서 보듯 기성세대를 비꼬는 작품이기도 하다.

그레타 툰베리는 동맹 휴학을 통해 기성세대의 각성을 촉구하는 청소년기후행동을 이끌어 주목을 받았고 『타임』지에서 '2019년 올해의 인물'로 선정하기도 했다. 동맹 휴학이 얼핏 순진하고 치기 어린 행동으로 여겨질 수도 있지만, 나중에 그들이 어른이 되어 살아야 할 세상을 생각해 보면 고분고분 학교에 앉아 있을 계제가 아닐지도 모른다.

20세기의 부끄러운 유산은 온실가스 대량 배출에 따른 기후 변화만이 아니다. 미세 먼지나 핵 폐기물, 생태계 오염과 환경 파괴 등등 우리가 한 세기 내내 누린 과학 기술의 과실 이면에는 숱한 골칫덩이들이 쌓여 있다. 21세기는 이 부담을 고스란히 떠안고 문제를 해결하느라 내내 골몰할 수밖에 없는 시대다. 훗날의 역사가들은 과연 우리를 어떻게 평가하게 될까?

그런데도 툰베리에 대해 공감하는 기성세대의 지도자들은 아직 많지 않다. 도널드 트럼프를 비롯한 몇몇 국가 정상은 조롱이나 다름없는 냉소적인 반응을 보였고, 다른 이들도 대부분 경제를 모르는 이상적이고 감정적인 주장이라며 대수롭지 않게 넘긴다. 게다가 툰베리 본인이 보여 준 실망스러운 면들을 트집 잡는 사람도 있다. 항공기 탄소 배출을 막는다며 대서양을 요트로 건넜는데 사실은 그 과정에서 더 많은 온실가스를 배출했다는 사실이 이슈가 되기도 했다. 그러나 이건 달을 가리키는데 달은 안 보고 손가락을 문제 삼는 셈이다. 툰베리의 주장이 경제를 모르는 순진한 발상이라고 치부할 것이 아니라, 행복의 기준을 새롭게 모색하는 등 대안적인 가치관에 대해 고민해 보는 것이 옳은 반응이다. 우리의 아들딸들이 계속 살아가야 할 세상인데 당연한 일이다.

1976년에 나온 영화 <로건의 탈출Logan's Run>은 한 발 더 나간 설정을 담고 있다. 23세기의 미래 사람들은 '오염된 외부 세계'로부터 격리된 거대한 돔 도시에서 안락한 삶을 누리고 있다. 그러나 30세가 되면 누구든지 '승천' 의식을 치러야 한다. 다들 낡은 육신을 버리고 새롭게 다시 태어난다고 믿지만 사실은 그냥 죽는 것이다. 돔 도시의 유토피아적인 생활은 이런 방법으로 유지되고 있었던 것이다.

20세기 과학 기술 문명이 낳은 총체적인 문제들은 결국 과학 기술 그 자체에서 해결책을 찾을 수밖에 없다. 생산비와 유지비를 최소화하는 방향으로 기술을 개발하는 적정 기술 이념의 광범위한 도입 등이 중장기적인 대안이 될 수 있을 것이다. 그러나 그에 앞서서 21세기 세대의 처지를 역지사지로 헤아려 보고 그들의 입장에서 생각하는 태도가 필요하다. 이미 많이 늦었다.

7. 초기 농민기의 외계인과
거대 도시기의 인류

지구에서 출발한 우주 탐사선이 외계인과 조우한다. 놀랍게도 그 외계인은 텅 빈 우주 공간에 아무런 보호 장비도 없이 떠 있었다. 인류보다 월등한 신체적 능력과 지식을 지닌 외계인은 탐사선에 들어온 뒤 무시무시한 사냥을 시작하고, 위기에 몰린 인간들은 필사적으로 대응책을 궁리한다. 그때 한 고고학자가 나서서 그 외계인의 고향 문명의 성격을 추론해 낸다. 개체로서는 인간보다 월등하지만, 모종의 이유로 문명의 붕괴를 겪은 뒤 지금은 '초기 농민기'의 단계라고 판단한 것이다. 따라서 다른 어떤 일보다 종족의 번식을 최우선할 것이라 예상하여 그에 따른 함정 작전을 펼친 끝에 결국 물리치게 된다. 알프레드

엘튼 반 보그트Alfred Elton van Vogt라는 SF 작가가 1950년에 발표한 소설 『스페이스 비글의 항해The Voyage of the Space Beagle』에 나오는 내용이다.

오래전에 읽은 이 작품이 요즘 새삼 되새겨지는 이유는, 우리의 세계가 과학 기술 발전에 따른 변화에 의해 문명사적으로 어떤 방향성을 보일지 자못 궁금하기 때문이다. 앞서 소개한 소설 속 고고학자는 문명이 생물처럼 단계를 밟는 주기를 보인다고 말한다. 처음에 땅에서 시작하는 토착 농민기를 거쳐 시장과 도시, 국가로 발전하여 거대 도시기를 맞고, 결국은 파괴적인 전쟁과 문명의 붕괴를 거친 뒤 다시 초기 농민기로 돌아가 새로운 주기를 시작한다는 것이다. 개인은 각 단계를 지배하는 문화적 본능에 따라 움직이므로 행동 양태를 예측하는 것이 가능하다. 앞서 이야기의 외계인이 만약 거대 도시기였다면 지적 합리성이 최고조에 도달해 있으므로 도저히 당해 낼 수가 없었겠지만, 사멸한 문명의 생존자로서 무엇보다도 번식이 급했기에 그 본능을 역이용할 수 있었던 것이다.

이러한 순환적 역사관은 오스발트 슈펭글러Oswald Spengler의 저작에서 인용한 것임을 작가는 작중에서 밝혔다. 슈펭글러는 역저 『서구의 몰락Der Untergang des Abendlandes』으로 유명한 독일의 역사 철학자이다. 그에 따르면 문화는 살아 있는 유기체와 같아서 성장과 성숙, 쇠퇴, 소멸의 역사적 주기를 반복하며, 거대 도시기 단계가 지속되면 시대의 영혼은 문명이라는 외피에 소모되고 고갈되어 자기 파괴로 치닫게 된다. 이 이론으로 지금 시대를 보면 어떤 진단이 가능할까? 정보 통신 분야를 필두로 나날이 발전하는 과학 기술의 사회적 수용 양상은 시대의 영혼이 문명이라는 껍질에 종속되어 빈곤해져 간다는 느낌을 지우기 힘들다. 정보 단말기 중독, 계층 갈등, 정치와 경제 등 여러 층위의 제국주의, 도시 집중화, 전통적 가치들의 쇠락, 실질 가치가 아닌 추상 가치들의 우세 등등은 슈펭글러가 언급한 문화 쇠퇴기 증상의 21세기적 발현들로 해석해도 큰 무리가 없지 않을까?

특히 20세기 이전까지의 인류사에서 명멸했던 세계 각지의 거대 도시기 문명들은 상대적으로 과학 기술의 수준이 낮아서 새로운 시작이 가능했지만, 지금 같은 고도 과학 기술의 시대에도 과연 기회가 다시 주어질까 하는 의구심까지 든다. 한번 파괴적인 경로로 접어들면 현대 과학 기술의 위력 때문에 그만큼 타격이 깊을 것이기 때문이다. 반면에 바로 그 과학 기술에 힘입어 거대 도시기의 기나긴 지속을 낙관할 수도 있을 것이다. 우주로 진출하는 것도 가능하고, 설사 몇몇 문화들이 파괴적 위기와 퇴보를 겪더라도 빠른 복구와 새 시작이 수월할 수도 있다. 역시 관건은 우리가 과학 기술이라는 문명에 영혼이 얼마나 휘둘리느냐에 달려 있다.

슈펭글러는 1936년에 세상을 떠나기에 앞서 "10년 뒤면 독일 제국은 세상에 존재하지 않을 것 같다"는 말을 남겼다. 히틀러의 제3제국이 몰락한 것은 그로부터 9년 뒤인 1945년이었다. 만약 그가 지금 시대에 있었다면, 세계 각국의 문화 단계에 대해 어떤 진단을 내렸을지 궁금하다. 특히 오늘날 미국과 경쟁하며 G2를 형성한 중국에 대해 그는 어떤 판단을 내렸을까?

세계에서 정치·경제적으로 중국의 비중이 높아진 지는 오래지만, 이제는 문화적 영향력도 주목해야 할 시기에 접어든 것 같다. 최근 영화 <그래비티Gravity>나 <마션>을 봐도 서구에서 중국의 위상과 잠재력을 어느 정도로 평가하는지 잘 알 수 있다. 주인공이 위기에 처했을 때 결정적인 도움은 중국에서 나온다. 실제로 우주 개발 분야에서 중국의 약진은 주목할 만하며, 이런 추세를 전망한 시나리오도 여러 SF에 등장한다. 앞의 영화들이 단편적인 스케치였다면, 좀 더 현실적이고 구체적인 묘사로는 일본 만화 『문라이트 마일』이 좋은 예이다. 달 식민지 건설 과정에서 미국 중심의 패권주의를 위협하는 것은 중국의 독자적인 우주 진출이며, 이 두 진영은 군사적으로 우주 공간에서 팽팽한 긴장 상태로 대치한다.

근 미래에 중국의 위상을 일상적 차원에서 사실적으로 잘 묘사한 작품으로 미국의 SF 작가 모린 맥휴Maureen McHugh가 1992년에 발표한 장편소설 『차이나 마운틴 장China Mountain Zhang』이 있다. 중국이 정치·경제는 물론이고 문화적으로도 세계의 지배적인 위치에 오른 22세기를 배경으로 미국 청년이 주인공으로 등장하는 이야기다.

주인공은 중국계라서 미국 사회에서 여러모로 상류층 대우를 받고 있지만, 사실 그에겐 숨기고 있는 비밀들이 있다. 자신이 순수 중국 혈통이 아니라 라틴계 혼혈이며 게이라는 점이다. 미국은 혁명을 거쳐서 자본주의가 무너지고 사회주의 체제로 탈바꿈했는데, 그 뒤로 종주국인 중국의 영향력이 강화된 상태다. 이야기는 뉴욕, 캐나다의 배핀섬, 화성 식민지 공동체 등을 오가며 몇 가지 줄기가 동시에 진행된다. 특히 캐릭터들의 섬세한 묘사가 일품이다. SF에 흔히 등장하는, 주인공이 초래하는 주변 세계의 변화라는 극적인 사건은 없으나 독자들이 경험하는 사고의 전환 같은 감상의 깊이가 있어 상당한 호응을 받았다. 여러 SF 문학상을 수상했으며「뉴욕타임즈」추천 도서로도 선정된 바 있다.

그렇다면 중국의 영향력 확대라는 SF의, 동시에 현실의 근미래 전망에서 한국의 입지는 어떨까? 아서 클라크와 젠트리리가 함께 발표한 장편소설『라마의 정원*Garden of Rama*』에는 다음과 같은 내용이 나온다.

"……부자가 되어 호사스러운 지출을 일삼는 세습 정치 집단에 환멸을 느낀 한국 국민들은 중국과 연맹을 맺자는 데 표를 던졌다. 세계의 주요 나라들 가운데 중국만이 북미, 아시아, 유럽의 복지 국가나 연맹 국가의 자본주의와는 다른 정부 형태를 표방하고 있었다. 중국 정부는 가톨릭이 인정해 주는 인본주의에 바탕을 둔 사회민주주의를 채택하고 있었다.

……전 세계는 한국의 놀라운 선거 결과에 어리둥절했고, 해외 정치 조직이 내전을 유도하기도 했지만 새로운 한국 정부와 그들의 동맹 중국은 이미 국민들의 마음을 사로잡고 있었다. 반란은 쉽게 진압되었고 한국은 항구적인 중국 연방의 일부가

『라마와의 랑데부』, 『2001 스페이스 오디세이』등의 걸작을 남긴 아서 클라크는
'클라크의 3법칙'이라는 어록을 남긴 것으로도 유명하다.

되었다."

　이 글은 작중에서 23세기 초인 2209년~2212년의 한반도 상황을 묘사한 것이다. 작가인 아서 클라크는 세계적 SF 작가이자 미래학자였는데, 이 작품 역시 그의 스타일답게 외계에서 날아 온 거대한 이주선에 지구 인류가 탑승하여 벌어지는 일들을 다룬 것으로 미래 세계의 전망 자체는 스토리에서 큰 비중을 차지하지는 않는다. 1994년에 처음 한국판이 나왔을 때는 위 내용이 별로 주목받지 못했지만, 20년 이상 지난 지금 시점에서 보면 시사하는 바가 많은 작품이다.

8. SF에 등장하는
나노 스웜의 마법

"고도로 발달한 과학 기술은 마법과 구별이 안 된다."

아서 클라크가 남긴 이 말과 딱 들어맞는 것이 바로 나노 기술이다. 과연 나노 기술이 마법처럼 보이는 방식은 어떤 것일까? 여러 SF 소설이며 영화에 그 답이 있다.

『쥬라기 공원*Jurassic Park*』으로 유명한 마이클 크라이튼Michael Crichton은 2002년에 나노 기술을 다룬 소설 『먹이*Prey*』를 발표했다. 이 작품을 보면 '나노 스웜nano swarm'이 아주 잘 묘사되어 있다. 눈에 보이지도 않을 만큼 작은 나노 로봇들이 마치 벌 떼처럼 큰 무리를 지어 움직이는 것, 그게 바로 나노 스웜이다. 나노 스웜은 어떤 형체로든 탈바꿈할 수 있기 때문에 직접 맞닥뜨린 사람에게는 마치 유령처럼 보일 것이다. 사람 모양이었다가 다음 순간 다른 동물이나 사물 모양으로 시시각각 변신하는 존재 앞에서 당황하지 않을 사람이 과연 있을까?

아직 3차원 나노 스웜은 현실적으로 구현할 수 없지만, 비슷한 예로 겨울마다 우리나라를 찾아오는 가창오리 떼의 비무飛舞 장면을 연상하면 될 것이다. 몇 만 마리의 오리 떼가 카오스적인 형체 변환을 보여 주면서 하늘을 채우는 환상적인 장면은 그대로 나노 스웜의 확대판이라고 봐도 무방하다.

이런 나노 스웜은 과연 어떤 일을 할 수 있을까? 단순히 형체를 변화하며 허깨비 같은 모습만 연출할까? 물론 그럴 리가 없다. 나노 스웜의 무한한 가능성은 영화 <트랜센던스 Transcendence>를 보면 알 수 있다.

이 영화에서 나노 스웜은 내상이나 외상을 입은 사람의 몸을 감쪽같이 원래대로 고쳐 준다. 부서진 장비나 물건을 원상복귀시키는 것은 말할 것도 없다. 게다가 대기의 성질을 바꾸어 기후까지 조작한다. 더 놀라운 것은 나노 로봇들과 연결된 인공지능이 사람의 두뇌까지 영향을 미쳐 인격이 바뀔 수도 있다는 것이다.

자, 이쯤 되면 나노 기술의 다른 가능성을 생각해 보지 않을 수 없다. 이렇게 유용한 기술이라면 고도로 발달된 문명을 지닌 존재가 그냥 놓아 둘 리가 없을 것이다. 그래서 인간보다 뛰어난 외계인이 지구를 침공한다면 아마도 나노 기술을 쓸 가능성이 높다. 거대 우주선이나 로봇, 또는 흉측한 외계인이 요란하게 나타나는 것은 영화에선 익숙한 장면이지만 실제로는 촌스럽다. 반면 우리 주변에 언제 왔는지도 모를 정도로 조용히 외계의 나노 로봇들이 침투해 있는 상황은 생각만 해도 섬뜩하다. 이런 시나리오는 2008년 영화 <지구가 멈추는 날The Day The Earth Stood Still>이 생생하게 그리고 있다. 외계에서 온 나노 스윔이 지구를 무차별로 집어삼키는 장면을 보면 과연 어떤 무기가 대적할 수 있을까 하는 두려움이 일 정도이다.

외계에서 온 나노 로봇, 또는 스윔을 이루어 움직이는 나노 생명체에 대한 상상 중에서 기억할 만한 또 다른 작품으로는 영국의 SF 드라마 시리즈인 <닥터 후Doctor Who>의 한 에피소드인 '엠프티 차일드The Empty Child'를 꼽을 수 있다. 이 에피소드를 보면 2차 세계 대전 당시 독일군의 공습으로 아수라장이 된 런던에서 이상한 일이 벌어진다. 이 에피소드를 보면 방독면을 쓴 어린아이가 "당신이 우리 엄마예요?"라는 말만 반복하면서 돌아다닌다. 무시무시한 점은 이 아이와 접촉한 사람은 누구든지 예외 없이 얼굴 모양이 방독면을 쓴 것처럼 변한다는 것이다.

나중에야 외계에서 온 나노 스윔이 처음으로 접한 지구인이 방독면을 쓴 채 엄마를 찾아다니던 어린아이였다는 사실이 밝혀진다. 외계의 나노 스윔은 이 첫 번째 지구인의 생각과 욕구를 그대로 받아들여 다른 사람들에게도 전이시켰으며, 마침내 아이의 엄마를 찾아내고서야 이 악몽 같은 사건은 끝이 난다.

과학 기술의 발달 속도가 가속되면서 인류는 예전에는 생각지도 못했던 새로운 고민과 판단을 계속해야 하는 시대에 살

2008년 영화 <지구가 멈추는 날>의 원작인 1951년판의 포스터

고 있다. 나날이 쏟아지고 있는 신기술을 과연 어디까지 수용해
야 할지, 장점만큼이나 치명적인 부작용은 없을지 입장을 정리
하기가 결코 수월하지 않다. 그중에서도 나노 기술에 대한 고민
은 무척이나 비중이 큰 문제이다. 이 마법 같은 기술이 흑마술
이 될지, 아니면 새로운 복음이 될지는 전적으로 우리에게 달
렸다. 과학 기술의 미래에 대한 다양한 시나리오들을 담은 SF
들이 레퍼런스로서 적지 않은 도움이 되는 것은 바로 그런 이유
때문이다.

9. 바다라는
또 하나의 우주

　영화 <인터스텔라>는 황사 때문에 농경지가 메말라 버린 미래를 그렸다. 결국 사람들은 새로운 지구를 찾아 먼 우주로 떠난다. 또 다른 영화인 <설국열차Snowpiercer>에서는 온 세상이 얼어붙었다. 제한된 식량 자원은 지배층이 독점하고, 나머지 사람들은 바퀴벌레로 만든 대용 식량을 주식으로 삼는다. 그렇다면 현실의 시나리오는 어떨까?

　20세기에 학교를 다닌 세대는 토머스 맬서스Thomas Malthus의 『인구론』을 기억할 것이다. 인구는 기하급수적으로 늘어나는 데 반해 식량 생산은 산술급수적으로 증가하기 때문에 인류는 결국 언젠가 굶어 죽고, 몰락할 수밖에 없다는 이론이다. 하지만 이 이론은 질소 비료가 발명되어 농업 생산성이 비약적으로 증가하면서 폐기되었다. 물론 세상에는 지금도 굶주리는 사람들이 많지만, 그건 식량 분배가 고르지 못한 때문이다. 우리나라만 해도 매일매일 엄청난 음식물 쓰레기가 배출되고 있다.

사실 인류는 애초부터 굶어 죽을 걱정은 안 해도 되는 상황이었다. <인터스텔라>처럼 농업이 불가능한 환경이 되더라도 말이다. 지구 표면의 70퍼센트를 차지하는 바다는 어마어마한 자원을 품고 있는데, 그중에는 어류나 플랑크톤 같은 식량 자원도 포함된다. 지구상의 모든 인간을 다 합쳐도 그 무게는 어류의 10분의 1도 안 된다고 한다. 그런가 하면 플랑크톤은 이미 오래전부터 미래 식량 자원으로 꼽히던 것이다. 문제는 인간의 미각이 어떻게 변하느냐에 달려 있다.

아직 인간은 바다를 너무 모른다. 달이나 화성 표면은 상세한 지도가 나와 있지만 지구의 심해는 대부분 완전한 미지의 세계이다. 깊이 2,000미터 이상의 바다를 말하는 심해가 지구 표면적의 65퍼센트 가까이 차지하고 있으니, "등잔 밑이 어둡다"는 말이 딱 들어맞는 경우인 셈이다. 그래서인지 예전부터 많은 SF에서 심해는 수수께끼 존재들이 숨어 있는 배경으로 등장해 왔다.

존 윈덤John Wyndham의 『크라켄의 각성The Kraken Wakes』은 외계에서 온 존재들이 바다로 떨어지는 광경으로 이야기가 시작된다. 나중에 바다 속에서 괴상한 모양의 물체들이 줄줄이 나와서는 끈끈한 물질로 사람들을 무차별적으로 잡아간다. 크라켄은 원래 서양의 전설에 등장하는 바다 괴물로 작은 섬 정도나 되는 크기의 거대한 동물이 배를 침몰시킨다는 괴담의 주인공이었다. 오늘날 크라켄의 실체는 대왕오징어로 여겨지는데, 20미터에 달하는 몸길이는 충분히 전설에 모티브를 제공할 만하다.

제임스 캐머런의 영화 <어비스>에도 바다 속에 숨어 있는 외계인이 등장한다. 이들은 모습조차도 수생 동물, 정확히는 가오리의 유체을 닮은 것으로 묘사되었다. 과학자 중에는 물속에서 사는 생물은 지능이 발달하기 어렵다는 이론을 펴는 사람도 있지만, 이 영화는 그런 주장을 정면으로 반박한다. 이 외계인들은 매우 발달된 과학 문명을 지니고 있어서, 인류가 지구에 해로운 존재라고 판단하고는 도시들을 거대한 파도로 휩쓸어버리려 한다.

한국 창작 SF 만화사에 한 획을 그은 이현세의 『아마게돈』에는 남극의 바다 속에 숨어 있던 신비의 인류 집단이 나온다. '엘카'라는 이 종족은 초고대 문명의 후손이며 우리도 모르게 외계로부터 지구를 수호하고 있었던 것으로 설정되어 있다. 이들은 시간 여행까지 할 정도로 뛰어난 과학 기술을 보유하고 있다.

마이클 크라이튼의 소설 『스피어Sphere』는 더스틴 호프만, 샤론 스톤, 새뮤엘 잭슨 등이 나온 같은 제목의 1998년 영화로 잘 알려져 있다. 바다 속에서 정체불명의 외계 우주선 같은 것이 발견되는데 그 안에 들어간 탐사대원들은 초현실적인 상황을 겪으면서 하나씩 희생된다. <레비아탄Leviathan>이나 <딥 블

루 씨Deep Blue Sea>, 또 한국 영화 <7광구>처럼 바다 괴물과 대결하는 SF 액션물들이 여럿 있는데, <스피어>는 그들과는 다른 방향으로 이야기가 전개된다는 점에서 흥미롭다.

이처럼 SF에서 바다는 여러 신비스러운 존재들의 보고나 다름없지만, 현실은 좀 걱정이 앞선다. 인류는 바다를 거대한 쓰레기통으로 쓰고 있기 때문이다. 썩지 않는 플라스틱들이 웬만한 섬보다도 큰 면적을 차지하며 바다를 둥둥 떠다닐 뿐만 아니라 그걸 먹이로 오인한 고래나 거북을 포함한 많은 동물들의 생존을 위협한다. 게다가 특히 심각한 것은 핵 폐기물이다. 원자력 발전소에서 나오는 방사성 폐기물들을 먼 바다로 나가서 심해에 내다 버리는 일이 여러 나라에서 일상적으로 자행되어 왔다. 이런 핵물질들의 방사능이 사라지는 반감기는 보통 수만 년이 걸리기 때문에, 두고두고 후손들에게 짐을 지우는 행위이다. 신기활의 만화『핵충이 나타났다!』는 핵 에너지를 먹고 사는 핵충이라는 고등 생물을 등장시켜 불길한 미래 전망을 블랙 코미디로 표현한 수작이다.

지구에서 바다 속만큼이나 다채로운 생태계를 갖춘 또 하나의 우주가 있다. 그것은 바로 동굴이다. 나는 십수 년째 동굴 탐사를 다니고 있다. 관광용 동굴이 아니라 일반인들에게는 미개방된 자연 동굴들을 동굴 생물학이나 동굴 지질학 연구자들의 학술 탐사를 따라다니는 아마추어 연구 보조원 신분으로 지방자치단체의 허가를 얻어 들어간다.

동굴에 왜 가느냐는 질문을 받으면, 우주 탐사를 하고 싶지만 현실적으로 불가능하기에 대신하는 것이라 답한다. 동굴 깊숙이 들어가 외부의 빛이 완전히 차단된 공간에서 불을 끄고 앉아 있으면 완벽한 어둠을 경험할 수 있다. 글자 그대로 칠흑 같은 어둠, 피치 블랙pitch-black이다. 눈을 감으나 뜨나 시야는 아무런 차이 없이 깜깜할 뿐이다. 그렇게 앉아서 여기는 지금 지구가 아니라 어느 낯선 행성의 동굴이라고 상상한다. 그러다 보면 중학생 시절 칼 세이건의 책 『코스모스』에서 본 어떤 외계 행성의 얼음 동굴이 떠오른다. 얼음 동굴 안에서 내다보이는 밤하늘에 플레이아데스성단이 커다랗게 반짝이는 상상도였다. 우리말로 좀생이별이라고 하는 플레이아데스성단은 겨울밤이면 맨눈으로도 잘 보이는 별 무리다. 그러고 보니 최근에는 플레이아데스성단을 본 기억이 가물가물한데, 서울의 공기가 흐려져서인지 사는 게 바빠서인지 잘 모르겠다.

『코스모스』에 실린 그 상상도에 플레이아데스성단은 무척이나 크게 그려져 있었다. 그 별 무리는 지구에서 440광년 정도 떨어져 있다고 하니 아마 그 얼음 동굴이 있는 외계 행성도 비슷하게 멀 것이다. 다시 말해서 내 생전에 직접 가 볼 길은 요원한 셈이다. 그러니 지구의 동굴 속에라도 들어가서 상상이나 할 수밖에 없다.

사실 동굴은 실제로 우주와 밀접한 연관이 있다. 동굴 속에는 빛이 없기 때문에 광합성이 불가능해서 식물이 살지 못한다. 그런데도 안정적으로 지속되는 생태계가 존재한다. 예를 들어 동굴에 갈 때마다 신기한 장면 가운데 하나가 손바닥만 하게 고인 물에도 새우가 산다는 것이다. 색깔이나 크기가 손톱 반달하고 흡사한 동굴옆새우류는 우리나라 동굴에서 흔하게 볼 수 있는 진동굴성 생물이다. 이 밖에도 동굴 안에는 작디작지만 생각보다 다양한 동물들이 살고 있다. 바로 이런 점 때문에 우주 생물학 연구자에게는 동굴 생태계가 좋은 레퍼런스가 된다. 빛도 없는 극한 환경에서 그 동물들은 도대체 뭘 먹고 살아가는 걸까?

일단 그들은 서로가 서로의 먹이가 된다. 물론 사체도 깨끗이 먹어 치운다. 박쥐의 경우 먹이 활동은 대개 밖에서 하지만 배설은 동굴 안에 하는데, 이들의 배설물도 좋은 식량이 된다. 이 밖에 빗물을 타고 들어온 미세 유기물 조각들도 동굴 생물들의 주요 먹이다. 그러나 기본적으로 공급은 늘 불안정하기에 동굴 생물들은 엄청난 생존력을 발달시켰다. 눈이 퇴화된 대신 다른 감각은 매우 발달했고, 몇 달씩 굶어도 끄떡없는 경우도 있다.

최근 관측된 바에 따르면 달에도 동굴이 있다. 미래에 달 식민지가 건설된다면 가장 유력한 후보지가 바로 동굴 속이다. 달은 지구와 달리 강력한 자기장이나 대기가 없어서 치명적인 우주 방사선이 그대로 내리쬐는데, 이를 피하려면 두꺼운 차폐막을 둘러야 한다. 그런 비용과 시간을 아낄 수 있는 방법이 바로 달의 지하로 들어가는 것이다. 비록 내 생전에 플레이아데스 성단이 커다랗게 보이는 외계 행성의 얼음 동굴에는 가 볼 수 없겠지만, 달의 동굴이라면 혹시 기회가 오지 않을까? 지구의 동굴 속에서 거뜬히 살아가는 동물들처럼 미래에는 우리 인간들도 달이라는 극한 환경의 동굴 속에서 씩씩하게 삶을 영위하게 될 것이다.

VI

SF와
엉뚱하고 흥미로운
미래 보고서

1. 영화 〈스타 워즈〉는 좋은 SF인가, 나쁜 SF인가?

SF는 'Science Fiction'의 약자다. 그런데 어떤 사람은 좀 냉소적인 의미를 담아서 'Science Fantasy'라고 풀기도 한다. 과학적으로 불가능한 일을 마치 가능한 것처럼 묘사한다고 해서 '사이언스 판타지'라고 부르는 것이다. 이와 관련해서 대표적인 작품이 바로 〈스타 워즈〉다. 항성 간 초광속 우주 여행을 마치 국제선 비행기 타고 다니듯 자유자재로 다니거나 '포스force'라는 초능력이 등장하는 등 과학적인 설득력이 떨어진다고 본다. 상대성 이론에 따르면 이 우주에서 빛보다 빠르게 움직이는 것은 불가능하다. 또 포스의 초능력은 질량 보존의 법칙이나 뉴턴의 운동 법칙 등 우주를 지배하는 기본적인 물리학 원리들을 무

영화 <스타 워즈>의 간판 로봇인 C-3PO와 R2-D2. 처음 선보인 이래 <스타 워즈> 팬들로부터 지속적인 사랑을 받고 있는 캐릭터다.

시하는 것으로 보인다. 그렇다면 <스타 워즈>는 나쁜 SF인가?

일단 <스타 워즈> 입장에서는 이런 논란 자체가 억울할 법하다. 초광속 여행이나 초능력이 등장하는 SF는 이루 셀 수 없이 많기 때문이다. 가장 유명한 작품이다 보니 매도 가장 많이 맞는다고 할까. 엄밀히 말하자면 <스타 워즈>는 과학적 상상력보다 등장인물들 간의 드라마에 더 비중을 둔 작품이라 할 수 있는데, 그 때문에 '배경만 우주로 바꾸었을 뿐 중세의 영웅담과 다를 바 없다'는 비판적 시선이 존재한다. 사실 '사이언스 판타지'라는 시니컬한 소리는 이런 점들 때문에 나오는 것이다.

그러면 과학적으로 불가능한 일을 묘사한 SF는 나쁜 SF인가? 당연히 아니다. SF는 과학적 상상력의 한계를 탐구하는 장르이며, 현재의 과학 지식으로는 불가능한 일도 가능하다고 가정하고 스토리를 전개한다. 그리고 그런 이야기를 통해 우리는 새로운 과학 기술과 과학 원리, 그와 연관된 새로운 인간과 사회의 가능성에 대해 영감을 얻는 것이다.

예를 들어 <스타 워즈>만큼이나 세계적으로 유명한 SF인 <스타 트렉>을 보자. 이 작품에 등장하는 초광속 우주비행은 과학적으로 말이 안 되는 것처럼 보였지만, 그런 묘사에서 얻은 영감이 '알쿠비에레 항법Alcubierre drive'이라는 발상을 낳았다. 알쿠비에레 항법은 멕시코의 물리학자 알쿠비에레Miguel Alcubierre 가 제안한 것으로, 중력 거품을 만들어 시공간을 왜곡시켜서 결과적으로 초광속을 내지 않고도 장거리 우주여행을 할 수 있는 방법이다. 우주선 뒤쪽에 어마어마한 중력을 발생시켜 이 중력 거품이 우주선을 앞쪽으로 밀어내도록 하고, 반면에 우주선 앞쪽의 시공간은 수축시킨다. 마치 땅을 접어 한 발짝만 움직인 뒤 다시 접은 땅을 펴면 한 번에 먼 거리를 이동한다는 동양 전설 속의 축지법과 비슷한 개념이다. SF에 등장하는 초광속 우주 여행법을 흔히 '워프 항법'이라고 하는데, 이전까지 워프 항법은 순수한 SF적 상상이었지만 알쿠비에레에 의해 비로소 이론 물리학적인 가능성의 영역으로 들어왔다고 할 수 있다. 물론 이를 실현시킬 수 있는 기술은 까마득한 미래에나 개발 가능할 것이다.

<스타 트렉>에는 보다 흥미로운 설정도 있다. 바로 '텔레포테이션', 즉 순간 이동 기술이다. 탐사대원들이 우주선 안에서 외계 행성의 표면으로 순식간에 이동한다. 우리말로 "동에 번쩍, 서에 번쩍"이라는 표현과 정확히 일치하는 이 기술은 사실 질량-에너지 보존 법칙을 정면으로 거스르는 것이라서 과학적 설득력이 떨어진다. 그러다가 1990년대 말에 '양자 텔레포테이션'이라는 실험이 실제로 성공하면서 드디어 <스타 트렉>의 물질 전송 기술도 이론상 가능한 것인가 하며 주목을 끌기도 했다. 그러나 사실 이 실험은 물질 전송이 아니라 일종의 정보전달이었으며, 여전히 <스타 트렉>의 인간 텔레포테이션 기술은 과학적 가능성보다는 비과학의 영역에 머물러 있다. 하지만 알쿠비에레처럼 누군가가 독창적인 돌파구를 찾아낼 가능성은 남아 있다. 그런 면에서 SF는 우리에게 영감과 동기를 부여하는 훌륭한 장르로서 이제껏 그랬듯이 앞으로도 유효하다.

<스타 워즈>나 <스타 트렉> 같은 작품들을 통해 SF의 세계에 입문한 사람들은 헤아릴 수 없이 많다. 이들은 이야기 속 캐릭터들의 드라마만큼이나 광선검, 로봇, 초광속 우주선, 외계인, 순간 이동 등의 과학적 상상에 즐거워했다. 그러면서 시공간적 시야를 넓히고 다른 SF에도 눈을 돌리게 되었다. SF라는 장르를 확실하게 각인시키면서 숱하게 많은 생각거리들을 던져 준 것만으로도 이 작품들은 너무나 좋은 SF라는 찬사를 받기에 부족함이 없다.

2. '대괴수 용가리'와 한국산 우주 SF 영화에 대한 기대

2019년 극장가는 온통 <어벤져스: 엔드게임Avengers: Endgame> 열풍이었다. 하지만 그 틈에서 조용히 개봉한 또 하나의 대작 SF 영화가 있으니, 바로 중국에서 제작한 <유랑지구The Wandering Earth>다. 중국 영화사상 역대 흥행 2위의 기록을 세운 <유랑지구>는 SF 작가 류츠신의 원작을 각색한 본격 우주 SF 영화이다.

<어벤져스>를 포함한 일련의 영화들은 미국 만화인 마블 코믹스를 바탕으로 만든 연작물로서 굳이 장르를 나누자면 SF 보다는 판타지에 가깝다. 슈퍼 영웅들이 활약하는 모습에서 애초부터 자연의 물리 법칙 따위는 깡그리 무시하고 있기 때문이

태양의 위협에서 벗어나기 위해 지구 자체를 우주선으로 사용한다는 과감한
상상력이 돋보이는 영화 <유랑지구>의 포스터

다. 상당한 질량을 지닌 물체가 운동을 하다가 다른 물체와 부딪치면 엄청난 물리적 충격을 받게 되지만 이 영웅들은 그런 충격을 근본적으로 지워 버리는 마법사들처럼 행동한다. 그 밖에도 이 시리즈의 영화들에서 과학적으로 말이 안 되는 설정을 따져 보자면 한이 없다.

그러면 <유랑지구>는 어떨까? 이 작품의 기본 설정은 이상 현상을 일으킨 태양의 위협으로부터 벗어나기 위해 지구 자체를 우주선으로 쓴다는 놀라운 상상을 채택하고 있다. 지구 곳곳에 1만 개가 넘는 강력한 분사 엔진을 심어 놓고는 지구를 태양 공전 궤도에서 이탈시킨 뒤 태양계 바깥을 향해 날아간다. 당연히 태양빛을 받지 못하므로 지구 표면은 꽁꽁 얼어붙고, 살아남은 인류는 지하 도시로 들어간다. 필요한 에너지는 모두 지각에서 채굴한 광물을 태워서 얻는다.

지구상의 도시들이 제각기 우주선이 되어 날아오른다거나 작은 소행성을 그대로 우주선으로 개조한다는 발상은 예전부터 SF에 나오곤 했지만, 지구를 통째로 우주선처럼 이용한다는 아이디어는 정말 과감한 상상력이다. 과연 대륙의 스케일이라는 감탄이 나올 정도다. 그러나 한편으로는 이게 과학적으로 말이 되나 싶기도 하다. 지구를 태양의 인력권에서 떼어 내려면 과연 로켓 엔진 1만 개 정도로 가능할까? 지구 자체의 질량에다 공전 가속도를 곱한 어마어마한 힘을 능가해야만 지구를 이탈시킬 수 있을 터이니 말이다. 게다가 지구 자전을 멈추는 에너지는 또 어떻게 낼 것인가? 원작자인 류츠신은 과학적 묘사에

중점을 두는 하드 SF를 주로 쓰는 인물이므로 아마도 나름 치밀한 계산을 해 보았을 텐데, 원작의 내용이 궁금해진다.

그런데 우리가 이런 영화들을 볼 때 유의해야 할 점이 있다. <어벤져스>나 <유랑지구>, 또는 다른 어떤 SF에서 과학적으로 말이 안 되는 장면들이 나온다고 해서 그 작품의 가치나 미덕이 떨어지는 것으로 봐서는 곤란하다는 것이다. SF나 판타지는 기본적으로 상상력의 장르이다. 현실적인 설득력이 떨어지더라도 그런 상상력을 통해 우리에게 다른 세계와 다른 과학의 가능성이라는 영감을 제공한다는 사실이 더 중요한 것이다. 물론 작품 설정상 앞뒤가 맞아떨어지는 내적 일관성은 갖춰야겠지만 모든 SF가 다 현실의 자연 물리 법칙이라는 한계선을 지킬 필요는 없는 것이다.

비록 일방적으로 미국이 우세한 판도이지만 우리나라 극장가에서 미국과 중국이라는 두 강대국의 우주 SF 영화가 흥행 대결을 벌였던 것은 흥미진진한 일이 아닐 수 없다. 다만 그런 한편 일말의 씁쓸함도 드는데, 정작 국산 우주 SF 영화는 아직까지 대표할 만한 뚜렷한 작품이 없기 때문이다. 한국인 우주비행사가 최초로 등장했던 국산 SF 영화는 바로 1967년작 <대괴수 용가리>이다. 여기서 젊은 시절의 배우 이순재가 로켓을 타고 우주 궤도에 오른 뒤 발사체와 분리된 탑승 캡슐 안에서 지상의 괴수 용가리의 동태를 관찰하여 지상 본부에 보고한다. 아직 인류가 달에 착륙하기 전이었지만 당시 미국이나 옛 소련에서 진행되던 유인 우주선 실행 과정을 충실하게 잘 벤치마킹하여 묘사했다.

<대괴수 용가리>에는 앞서 설명한 내용들이 전부 영상으로 나오며, 제작 당시를 감안하면 결코 조잡하거나 허술하다고 볼 수 없는 특수 촬영 기술이 구사되어 있다. 영화 속에서 '재난 사태'란 판문점 부근에서 땅을 뚫고 나타난 거대 괴수의 난동이다. 따라서 이 영화는 SF 중에서도 흔히 '빅 몬스터' 장르로 분류된다. 영화 전체를 봐도 닥치는 대로 건물들을 때려 부수는 용가리와 그걸 제압하려는 인간들의 대결이 주된 스토리이다. 그러나 상대적으로 간과되는 사실은 이 작품이 이제껏 한국에서 만들어진 SF 영화들 중 우주 비행사와 우주여행 관련 묘사를 최초로 해냈던 선구적인 작품이기도 하다는 점이다.

돌이켜보면 우리나라의 대중 과학과 과학 문화의 키워드는 1980년대 이전까지만 해도 '우주'였다. 1957년에 세계 최초의 인공위성 스프트니크가 옛 소련에서 성공적으로 발사된 이래 미국을 포함한 전 세계는 이른바 '스프트니크 쇼크'에 휩싸였고, 이는 곧 '우주 붐'으로 이어졌다. 그전까지는 '원자력'이 대세였다. 우리나라에서도 1950년대 말부터 아마추어 로켓 연구자들이 속속 생겨났으며 1960년대에 들어서면 전국과학전람회의 주요 출품작에 로켓과 인공위성이 빠지지 않았다. 구체적인 내용은 로켓의 모형, 로켓 연료에 대한 연구, 궤도에 올릴 경우 작동 가능하도록 만든 인공위성 등이었으며 심지어 중·고등학교 과학반에서 만든 것도 있었다. 창작 SF 소설에 한국인 우주 비행사가 대거 등장한 것은 물론이다.

그러나 1980년대 이후 컴퓨터 과학이 각광을 받으면서 어느덧 '과학 소년'의 이미지도 변해 버렸다. 실험실에서 뭐든지 뚝딱 만들어 내거나 우주 탐험에 나서는 모습 대신에 컴퓨터 앞에 앉아서 프로그래밍 실력을 발휘하는 영재가 주목받게 된 것이다. 그 결과 어느새 우주복을 입은 한국인의 모습이 어색하게 보이는 지경에 이르렀다. 물론 이는 할리우드 SF 영화에 길들여진 탓도 있지만, 한편으로는 우리나라에서 우주 SF 영화의 맥이 끊긴 것에도 적잖은 책임이 있다고 할 것이다.

최근 몇 년 사이에 할리우드 우주 SF 영화들이 속속 성공을 거두면서 우리나라에서도 드디어 <승리호> 등 우주 SF 영화가 제작되고 있다는 반가운 소식이 들린다. <그래비티>나 <마션>처럼 과학적 묘사와 휴먼 드라마가 잘 결합된 우주 SF 영화들이 국내에서도 흥행을 했고 특히 <인터스텔라>는 천만 관객이 넘게 들었다. 이 여세를 살릴 수 있도록 부디 훌륭한 한국산 우주 SF 영화가 나오기를 바란다.

<대괴수 용가리>는 원본 필름이 사라져서 현재 우리나라에서는 온전하게 감상할 수 있는 방법이 없다. 그러나 오래전 수출되면서 해외에서는 비디오테이프나 레이저디스크로도 출시된 바 있으며, 지금도 미국의 온라인 서점에서는 DVD로 구입 가능하다. 아쉬운 것은 이 작품이 일본의 괴수 영화들과 한 묶음으로 취급되는 바람에 영어 더빙 과정에서 등장인물들이 국적 불명의 이름을 갖게 되었다는 것이다.

<대괴수 용가리>는 지금 봐도 흥미로운 장면들이 꽤 있다. 괴수 용가리의 구현에 일본 전문가의 도움을 받는 등 특수 효과에 들인 공도 상당하지만, 종말을 예감하고 향락에 흥청거리는 인간 군상이라거나 판문점 부근에서 나타나 남쪽으로 내려오는 용가리라는 설정에 담긴 한국전쟁의 은유도 범상치 않다. 한강에서 마침내 최후를 맞고 쓰러진 용가리에게 일말의 연민까지 표현되는 것은 일본의 대표 괴수 '고지라'가 일본인들에게 애증의 대상이 된 것과 비슷하다. 1999년에 심형래 감독이 영화 <용가리>를 만든 것도 용가리를 국민 괴수 캐릭터로 띄우려는 시도였던 것으로 보인다.

　　아무튼 <대괴수 용가리>가 잘 보여 주듯이 지금의 50대 이상 연령층인 사람들은 어릴 때 여러 창작 SF 스토리들을 접하면서 '우주를 누비는 한국인 우주 비행사'라는 설정이 낯설지 않았던 세대이다. 이제는 21세기에 태어나 자라는 우리 아이들에게 이 이미지가 익숙해지도록 돌려주어야만 할 때다.

3. SF 팬들에겐 각별했던 해, 2019년

20년도 더 된 이야기다. 1997년 당시 캐나다에 체류하고 있었는데, 하루는 현지 신문에 이런 의미의 헤드라인이 실렸다. "오늘 세계의 종말이 카운트다운에 들어간다." 1997년 8월 4일은 <터미네이터>에 나오는 슈퍼 인공지능 스카이넷이 작동을 시작한 날이다. 그리고 얼마 지나지 않은 8월 29일에 인류는 '심판의 날Judgement Day'을 맞이한다. 이날 스카이넷이 전면 핵전쟁을 촉발시킨 것이다.

물론 이는 어디까지나 SF 영화 속 가상의 역사이다. <터미네이터>가 처음 발표된 것은 1984년인데, 그 시점에서 13년 정도 지난 미래라면 스카이넷 같은 뛰어난 인공지능 컴퓨터가 등

장할 것이라고 예측한 셈이다. 다행스럽게도 현실의 역사에서
는 그런 무시무시한 인공지능은 1997년까지도 개발되지 않았
다. 스카이넷은 스스로 자의식을 가지는 강한 인공지능의 한 예
라고 할 수 있는데, 아직 인류는 현재까지도 그런 고성능 인공
지능을 구현시킬 만큼의 기술력에 도달하지 못했다.

　　지난 2015년은 전 세계적으로 SF 팬들이 꽤나 유쾌했던
한 해였다. <백 투 더 퓨처> 시리즈의 2편에서 주인공이 날아
갔던 미래가 바로 2015년이었기 때문이다. 1985년을 현재로 삼
아 1편에서는 30년 전의 과거인 1955년으로, 그리고 2편에서는
30년 뒤의 미래인 2015년으로 여행했다. 1편은 실제로 1985년
에 발표되었는데 우리나라에서는 1987년에야 지각 개봉을 했
었고, 2, 3편은 1990년에 극장에 걸렸다. 그 당시는 영화를 보면
서도 2015년이 정말 멀게 느껴졌다. 21세기가 되고도 15년이나
지난 뒤라니.

　　<백 투 더 퓨처> 2편에서 묘사된 2015년은 하늘에 자동차
가 날아다니고 3차원 입체 영상이 거리에 투사되며 옷이나 신
발은 자동으로 사이즈가 최적화된다. 그밖에도 여러 신기한 과
학 기술들이 등장한다. 현실의 2015년에서는 바로 그러한 영
화 속 과학 기술들이 과연 얼마나 실현되었는지를 짚어 보는 기
사며 강연들이 많았다. 대체로 보면 과학 기술적으로 가능하긴
하지만 실용성이나 경제성 등 여러 문제로 일반에 널리 보급된
경우는 거의 없었던 것 같다. 예를 들면 호버보드가 이에 해당
한다.

이처럼 SF에서 미래였던 시대가 세월이 흐르면서 어느덧 과거로 지나 버린 예는 적지 않다. 가장 대표적인 경우가 바로 <2001 스페이스 오디세이>일 것이다. 세계 영화사상 10대 걸작 중 하나로 꼽히기도 하는 이 작품은 1968년에 나왔는데, 발표 당시로 보면 33년 뒤의 미래를 배경으로 삼았지만 지금 보면 이미 한참이나 지난 과거가 돼 버렸다. 그런데 영화 속 2001년에는 목성으로 가는 유인 우주선이 등장하며, 거기에 탑재된 컴퓨터도 스스로 독자적인 판단을 내리고 실행하는 강한 인공지능이다. 이런 묘사는 결과적으로 시대를 너무나 앞선, 혹은 과학 기술의 발전을 너무나 낙관적으로 전망한 것이다. 현재 우리는 여전히 유인 우주선으로 다른 행성은커녕 달에도 다시 가지 못하고 있고, 더구나 장기간의 인공 동면 기술도 실현되지 않았다.

비슷한 예는 우리나라 영화에도 있다. 2002년에 장동건 주연으로 개봉했던 영화 <2009 로스트 메모리즈2009-Lost Memories>다. 이 작품은 엄밀히 말하자면 과학 기술적 미래를 묘사했다기보다는 대체 역사, 즉 한반도가 여전히 일본의 식민지라는 가상 역사를 배경으로 삼고 있지만, 어쨌든 발표 당시를 기준으로 보면 아직 오지 않은 미래를 그린 셈이다. 이러한 평행 우주 속의 세계들은 우리의 실제 세상과는 같으면서도 다른 듯 펼쳐지기 때문에 그 디테일들을 살펴보는 재미가 있다.

지난 2019년은 전 세계 SF 팬들이 고대하던 한 해였다. 바로 전설적인 명작 <블레이드 러너>의 작품 속 배경이 바로

2019년이었기 때문이다. 이미 속편인 <블레이드 러너 2049Blade Runner 2049>가 일찍이 선을 보였지만 1편의 명성에는 많이 못 미친다는 아쉬운 평가를 받았다.

이렇듯 세월이 흘러 SF 속 미래 시대 배경이 이미 지나간 과거가 되어 버리는 경우를 곱씹어 보는 것은 단순히 호사가들의 흥밋거리만은 아니다. 과학 기술의 전망과 실제 현실이 어떤 분야에서 어떻게 편차를 보여 주는지를 가늠해 볼 수 있는 좋은 과학적·사회학적 주제들이 되기 때문이다. 미국과 옛 소련 양국의 우주 개발 경쟁이 한창이던 1960년대에는 21세기가 되기 전에 유인 행성 탐사선이 지구를 출발할 것이라 믿었다. 1969년에 미국의 아폴로 11호가 달에 착륙한 뒤로 우주 진출 열기가 불과 몇 년 만에 급격히 식어 버릴 것이라고는 누구도 예측하지 못했을 것이다. 1972년의 아폴로 17호를 마지막으로 지금까지 아무도 달에 가지 않았다. 아마 SF에서 이런 묘사가 나왔다면 인류 문명이 퇴보하거나 큰 재난을 당했다는 전제가 붙었을 것이다.

<블레이드 러너>에서 2019년은 인간보다 더 인간적인 인조인간들이 양산되는 시대다. 지배 계급들은 대부분 우주 식민지로 떠나고 로스앤젤레스는 하층민들의 거대한 슬럼처럼 묘사된다. 그러나 현실은 많이 다르다. 인조인간은커녕 투박한 인간형 로봇이 이제 겨우 사람 발걸음을 흉내 내는 정도이고, 인공지능 기술은 알파고처럼 특정 분야에서 인간을 앞서기 시작했지만 종합적인 사고 능력을 발휘하려면 아직도 갈 길이 멀다. 실제로 <블레이드 러너>에 나오는 안드로이드들은 아무리 빨

라도 21세기 중반 이후에나 선을 보이게 될 것이다.

결국 우리는 과학 기술의 전망에 우리의 희망을 투사하는 경향이 있을 뿐이다. 과학 기술 각 분야의 투자와 개발을 좌지우지하는 것은 경제적 타당성이나 사회적 관성 등 정치적·사회심리적 변수들의 비중이 크다. 그런 점에서 최근 몇 년 사이에 세계적으로 우주 개발에 대한 관심이 고조되는 것은 확실히 흥미로운 징조인 것 같다. 인공지능이나 가상 현실 같은 분야는 이미 사회적 인프라의 단계에 접어들어 새삼 주목하지 않아도 착실히 발전의 길을 걷는 듯 보인다. 그렇다면 이제는 그를 바탕으로 다시금 우주 개발 르네상스의 시대가 오는 것일까 자못 궁금하다.

4. 미래 예측의 패러다임을 바꾼 SF

SF에 등장하는 상상력이 현실의 과학 기술에 영감을 준다는 얘기는 널리 알려진 그대로다. 로켓이나 텔레비전은 물론이고 3D 프린터에서 입자 텔레포테이션(공간 이동)까지 이루 헤아릴 수 없이 많은 SF 아이디어들이 현실에서 구현되고 있다. 물론 SF 작가들도 나날이 발전하는 과학 기술에서 상상력의 재료를 얻는다. 상대성 이론은 시공간을 자유롭게 넘나드는 것이 허황된 공상이 아니라 이론적으로 가능할 수도 있다는 논거를 제시했다. 그 덕분에 숱한 SF 스토리들이 설득력을 얻게 된 것이다.

그러나 SF의 상상력은 과학 기술의 선형적 발전과 그에 따른 사회상의 변화라는 큰 틀에서 쉽사리 벗어나지는 못했다. 기본적으로 과학 기술을 보는 시선은 인류에게 장밋빛 미래상을 선사하거나 디스토피아라는 막다른 길로 이끌거나 둘 중 하나였다. 냉전 시대에 미국과 소련이 우주 개발 분야에서 체제 경쟁을 벌일 때에는 우주를 배경으로 한 SF 스토리들이 융성했고, 자원 고갈이나 인구 폭발, 식량난 등등 산업 문명의 어두운 면이 이슈로 떠오르면 또 그런 제재들을 심층적으로 묘사했다.

그러다가 1984년에 등장한 장편 SF 소설 한 편이 과학적 상상력의 지평을 완전히 새로운 차원으로 이끌게 된다. 윌리엄 깁슨William Gibson의 『뉴로맨서Neuromancer』가 '사이버 스페이스'라는 제3의 영역을 활짝 열어젖힌 것이다. 인간의 지적·물리적 활동 공간은 흔히 '바깥 우주'와 '안쪽 우주'로 일컬어졌다. 바깥 우주는 천문학적 의미에서 인간이 바라보는 광활한 우주 공간을 말한다. 그리고 안쪽 우주는 소립자의 세계와 같은 마이크로 유니버스를 뜻하기도 하지만 동시에 인간의 심리나 사고와 같은 형이상학적 내면세계도 의미한다.

컴퓨터 가상 공간인 사이버 스페이스는 물리적 한계가 없는 무한한 영역이자 어떤 일이든지 가능한 만능의 공간이다. 현실 세계에 적용되는 물리 법칙이나 자연의 섭리에도 구속되지 않는다. 상상하는 모든 일을 구현할 수 있는 가상의 공간이기 때문이다.

그렇다면 가상 공간이 존재하는 가상 현실과 시뮬레이션의 차이점은 뭘까? 가상 현실은 소통이 가능하지만 시뮬레이션은 일방적이다. 쉽게 말해서 가상 현실은 게임이고 시뮬레이션은 영화나 드라마다. 스토리를 내가 마음대로 정할 수 있느냐, 아니면 주어진 대로 감상만 할 수 있느냐의 차이다.

요즘은 가상 현실이라고 하면 컴퓨터로 구현된 사이버 스페이스를 떠올리기 마련이지만, 사실 가상 현실의 역사는 꽤 오래전으로 거슬러 올라간다. 가상 현실 개념이 처음 등장한 것은 1935년에 스탠리 와인봄이라는 SF 작가가 발표한 단편소설 「피그말리온의 스펙터클」로 알려져 있다. 이 소설의 주인공은 고글을 쓰고 가상 현실을 경험하며 냄새나 촉각 등을 진짜처럼 느끼고 저장하기도 한다.

그 뒤로 가상 현실은 SF의 제재로서 꾸준히 사랑을 받았다. 1973년에 독일에서 만들어진 텔레비전용 영화 <전선 안의 세계>에 이르면 가상 현실은 단순히 흥미로운 아이디어 차원을 넘어 인간과 세계에 대한 성찰을 제공하는 색다른 접근법으로 주목받게 된다. 연구소에서 실험적으로 가상 세계를 만들고 그 안에 가상 인간들이 살도록 하던 중, 의문의 사건들이 연달아 일어나면서 놀라운 사실이 밝혀진다는 내용이다. 사실은 연구소조차도 그 위 단계의 세계에서 만든 가상 현실이었던 것이다.

컴퓨터 그래픽으로 이뤄진 가상 현실의 시작을 본격적으로 알린 것은 1982년에 나온 영화 <트론Tron>이다. 주인공은 현실 세계와 컴퓨터 게임 안의 가상 세계를 넘나들며 모험을 벌인다. 그 뒤 1984년에 출간한 것이 앞서 소개한 윌리엄 깁슨의 장편 소설『뉴로맨서』인데, 이 작품은 특히 '사이버펑크'라는 새로운 스타일을 낳았다.

사이버펑크는 컴퓨터와 정보 통신에 능숙하며 동시에 기존 가치관이나 관습에 저항하는 스타일을 말한다. 사이버펑크는 필연적으로 가상 현실과 맞물려 나타나며, <공각기동대>나 <매트릭스> 같은 작품들이 모두 이 범주에 들어간다. 1990년대 이후에 나온 사이버펑크 SF들은 현실 세계의 IT 산업에 적잖은 영향을 끼쳤다. 가상 현실에서 나를 대표하는 '아바타'라는 개념도 1992년에 닐 스티븐슨이 발표한 소설『스노 크래시 Snow Crash』에서 아이디어와 명칭을 그대로 따 온 것이다.

『뉴로맨서』나『스노 크래시』의 주인공들은 모두 젊은 남녀이며 해커이기도 하다. 또한 인공지능이 주로 등장하여 인간들과는 독립된 사고와 판단을 실행한다. 작중 세계는 격변을 겪고 있거나 자본주의 시장경제 체제에서 강력한 기반을 다진 대기업이 국가 공권력의 상당 부분을 담당하고 있다. 기본적으로 스릴러의 형식이지만 행간에 녹아 있는 새로운 세계상과 철학의 암시는 밀도가 매우 높다.

가상 현실의 미래 전망은 인간과 컴퓨터의 접속 방법, 즉 HCI Human Computer Interface와 밀접한 관련이 있다. 지금은 오큘러스 리프트 Oculus Rift처럼 머리에 쓰는 방식이지만, <공각기동대>나 <매트릭스> 같은 SF에서 이미 묘사했듯이 언젠가는 우리 두뇌가 컴퓨터와 유·무선으로 직접 연결되는 날이 올 것이다.

가상 현실의 궁극적인 미래는 실제 현실과의 융합이 될 것이다. 한 인간의 모든 기억과 기록, 기타 정보들을 사이버 스페이스에 저장하게 되면 이론적으로 그는 생물학적인 몸을 떠나서 소프트웨어의 형태로 영생을 누릴 수도 있다. 어쩌면 인류는 21세기가 끝나기 전에 가상 현실과 실제 현실이 뒤섞인 세상에서 과연 인간의 삶이란 무엇일까, 라는 새로운 차원의 철학적 고민을 시작하게 될지도 모른다.

5. SF와 음악의 만남

'수많은 음악가들이 시도하는 애드리브를 미래의 누군가가 시간 여행을 통해 채집하고 있을지도 모른다.'

이 독특한 상상력은 김진우 작가의 장편 SF 소설 『애드리브』가 취하고 있는 기본 설정이다. 20세기에 요절한 어떤 기타리스트의 음악이 아득한 훗날에 극적으로 부활한다는 이야기를 통해 우주와 인류의 미래를 재구성하려는 것이다. 김진우 작가는 이 작품으로 '2014 SF 어워드' 본상을 수상했다.

음악이 주요 소재나 주제로 등장하는 SF는 많은 편이 아니지만, 대부분 독특하고 신선한 아이디어를 담아 독자들로 하여금 풍부한 상상력을 일깨우도록 모티브를 제공할 때가 있다. 어떤 작품들이 있는지 간단히 살펴보자.

먼저 실제 역사에다 이야깃거리를 붙이는 경우가 있다. 예를 들면, 호주의 작가 션 맥뮬런Sean McMullen이 발표한 단편 소설 「거장들의 색채The Colours of the Masters」에서는 '피아노 스펙트럼'이라는 시계 장치 비슷한 복잡한 기구가 발견된다. 19세기 초에 발명되었다가 유실된 것으로 보이는 이 장치는, 놀랍게도 실제 피아노 연주를 그대로 기록할 수 있는 기계임이 밝혀진다. 해독 결과 이 기계에는 베토벤과 쇼팽, 리스트의 피아노 연주가 녹음되어 있다.

이게 사실이라면 희대의 음악사적 사건으로 기록될 것임은 두말 할 나위도 없을 것이다. 이렇듯 '잊힌 걸작의 재발견' 같은 설정은 SF에서 심심찮게 보인다. 음악뿐만 아니라 다른 예술 분야에도 적용되어, 오래된 그림이나 수수께끼의 원고 뭉치가 발견되었다는 사건에서 이야기를 펼쳐 보이는 작품들이 꽤 있다.

음악은 대부분의 경우 과학 기술을 반드시 동반하는 분야이기도 하다. 바로 악기, 그리고 현대에 와서는 녹음과 재생이라는 테크놀로지가 음악과 밀접한 관계를 맺고 있는 것이다. SF 문학과 전통 음악의 본격적인 만남도 바로 이 녹음 기술의 묘사부터 시작된다. 몽테뉴Michel Montaigne와 함께 16세기 프랑스 르네상스 문학의 대표적 작가 가운데 한 사람인 프랑수아 라블레François Rabelais는 프랑스 르네상스기의 최대 걸작으로 일컬어지는 『가르강튀아와 팡타그뤼엘Gargantua and Pantagruel』에서 '얼린

이야기'라는 일종의 녹음 기술을 예측했으며, 프랜시스 베이컨 Francis Bacon도 『뉴 아틀란티스*New Atlantis*』에서 '소리의 집'이라는 상당히 과학적인 녹음 기술의 개념을 묘사했다. 또한 유토피아 문학사상 세계적으로 가장 널리 읽혀진 에드워드 벨라미Edward Bellamy의 『뒤돌아보며*Looking Backward*:2000-1887』에서는 음악의 보존과 재생이 유토피아의 필수적인 요건으로 언급된다.

그러나 테크놀로지는 어디까지나 부차적인 차원에서 묘사 되는 경우가 대부분이다. SF에서 중심 테마로 음악이 다루어지 는 경우, 주로 묘사되는 것은 그 기능적, 효과적 측면이다. 예를 들어 음악이 정서 장애 등의 정신 치료에 실제로 이용되는 것은 이미 잘 알려진 사실이지만, SF 작가들은 그러한 점을 발전시 켜 상상력을 확대한다. 어느 것이나 그렇듯, 음악의 효과도 순 기능과 역기능의 양면이 모두 고려된다.

미국 여류 작가 앤 매카프리Anne McCaffrey의 장편 『크리스탈 의 노래*The Crystal Singer*』는 특출한 음악적 재능을 지닌 여주인공이 수정체 크리스탈를 이용해 외계인과 통신을 하지만 예기치 않 은 부작용이 일어난다는 내용을 담고 있다. 그녀는 오페라 가수 출신인 자신의 경험을 『노래하는 우주선*The Ship Who Sang*』, 『킬라 샨드라*Killashandra*』 등의 작품에 투영해, 음악을 제재로 삼은 작 품을 다수 발표한 바 있다.

미국 작가 오슨 스콧 카드Orson Scott Card는 장편 『송마스터 *Songmaster*』에서 은하 제국의 황제에게 총애를 받는 주인공 소년 을 등장시킨다. 천부적 음악 재능을 지닌 소년은 성장할수록 막

강한 영향력을 발휘하게 되지만 그 힘은 가공할 위험성을 지니고 있기도 하다.

토마스 디쉬Thomas Disch의 1979년 작품『노래의 날개위에On Wings of Song』는 좀 특이한 경우이다. 이 작품의 주인공은 자신의 영혼을 노래함으로써 하늘을 나는 방법을 배우려 한다. 그는 자신이 그 방면에 선천적 재능이 있음을 깨닫고 자유와 아내와 품위까지도 포기하면서 그 방법을 익히려 노력한다. 이 작품의 설정은 영적 승화나 정신적 초월의 경험을 은유한 것이다.

음악이 강력한 무기로 등장하는 작품들도 있다. 변호사 출신의 미국 작가 찰스 하네스Charles Harness는 1953년에 발표한「장미The Rose」라는 단편에서 악당과 싸우는 주인공의 무기로 차이코프스키의 6번 교향곡「비창」을 등장시킨다. 또 미국의 시인이자 소설가인 폴 쿡Paul Cook은 1981년에 발표한 첫 장편소설『틴타겔Tintagel』에서 희생자의 몸속에 잠복해 있다가 특정한 음악에 반응하여 활동하기 시작하는 바이러스를 묘사했으며, 영국 작가 콜린 쿠퍼Colin Cooper는 가까운 미래를 다룬「다가슨Dargason」에서 음악을 들으면 극단적인 심리 상태로 치닫는 사람들을 그렸다.

또한 음악은 정치적 수단이 되기도 한다. 미국 작가 로이드 비글은 1968년에 발표한 장편 소설『조용하고 작은 트럼펫 소리The Still, Small Voice of Trumpets』에서 정치적 억압에 반하는 혁명의 촉발 요인으로 음악을 등장시킨다. 반면에 디스토피아 문학의 대표적 고전들인 소련 작가 예브게니 자먀찐Yevgeny Zamyatin의「우리들*We*」이나 조지 오웰의 장편 소설 『1984년』에서는 음악이 대중들의 수동적 본능을 강화하는 통제 수단으로 묘사되기도 한다. 그런가 하면 프랭크 허버트Frank Herbert의 단편 소설인 「오퍼레이션 신드롬*Operation Syndrome*」처럼 음악이 복수의 수단으로 등장하는 경우도 있다.

음악은 우주로 진출하는 인류에게도 여러 가지로 중요한 의미를 갖는다. 예를 들면 김창규 작가의 「유랑악단」은 주인공인 지구 소녀가 우주에서 온 유랑악단의 일원으로 발탁되는 과정을 그리고 있다. 프랭크 허버트의 1973년 단편 「피아노를 위한 악절*Passage for Piano*」에서는 외계 개척 행성의 후손들이 피아노를 통해 자신의 뿌리를 찾기도 한다.

그러나 대개는 외계인과의 커뮤니케이션 수단으로 음악을 이용한다는 설정이 자주 등장한다. 즉, 음악이 일종의 '은하에스페란토어'로 묘사되는 경우인데, 어찌 보면 SF에서는 진부하기까지 한 아이디어이다. 프랑스 SF 문학의 선구자인 쥘 베른Jules Verne은 1895년에 발표한 장편 소설 『하늘의 섬나라*The Floating Island*』에서 현악 4중주단이 우주를 순회하는 친선대사 임무를 맡아 지구보다 발달된 고도 문명 사회를 방문한다고 묘사한다. 또, 잭 밴스Jack Vance의 1965년 작품 『스페이스 오페라*Space Opera*』에서는 글자 그대로 우주를 순회 공연하는 오페라단이 등장한다.

외계인과의 대화 수단으로 음악이 등장하는 경우는 스티븐 스필버그Steven Spielberg 감독의 영화 <미지와의 조우Close

Encounter of the Third Kind>에서 실감나게 묘사되었다. 이 영화에서 지구인들은 빛과 음악으로 외계인과 대화를 나누는데, 처음엔 단순한 5도 음정에서 출발하여 복잡한 선율로 옮겨간다. 또 미국의 여성 작가 셰리 테퍼Sheri Tepper의 장편 소설『기나긴 침묵 뒤에After Long Silence』에서는 거대한 수정체 모양의 생명체가 등장하는데, 그들의 언어는 오로지 숙달된 음악 연주자들만이 해석할 수 있다.

직접 접촉이 아닌, 우주 공간을 가로지르는 원거리 통신의 경우에도 음악은 공용어로 채택된다. 영국 작가 배링턴 배일리Barrington Bayley의 1962년 단편「거대한 소리The Big Sound」에선 6천 명으로 구성된 오케스트라가 우주 통신의 송신기이자 수신기이다.

SF 작가들의 음악에 대한 상상력은 이제까지 소개한 기능적 차원 이상으로 발전되기도 한다. 영국 출신의 미국 작가 피어스 앤소니Piers Anthony는 장편 소설『마크로스코프Macroscope』에서 장대한 은하 역사의 비밀을 푸는 열쇠로 음악을 등장시키는데, 이 정도면 기능적 차원을 넘어 음악 그 자체의 아이덴티티에 어떤 혼을 부여하기에 이른 것이다. 이러한 시각은 영국의 철학자이자 작가였던 올라프 스태플든Olaf Stapledon의 작품들을 보면 뚜렷해진다. 그가 1930년에 발표한 서사적 장편 소설『최후의 인간과 최초의 인간Last and First Man』에서는 지금 현재보다 두 단계나 더 진화한 제3의 인류가 음악을 종교적 차원으로 숭상하는 것으로 묘사한다. 그들은 '성스런 음악 제국Holy Empire of

Music'을 수립하기까지 한다. 또한 그의 다른 소설『스타 메이커 *Star Maker*』에서는 음악에 대한 상상력의 극단이라 할 수 있는 내용이 나온다. 음악은 새로운 우주를 생성하는 한 요소가 되는 것이다. 실제로 이론 물리학자들은 우주의 기원 중 하나로 파동 波動설을 내놓고 있으므로, 이러한 생각이 전혀 터무니없는 것은 아닌 셈이다. 비슷한 맥락에서 볼 수 있는 작품으로 미국 작가 킴 스탠리 로빈슨Kim Stanley Robinson의 1985년 장편 소설『백색의 기억*The Memory of Whiteness*』도 있다. 이 작품의 등장인물은 거대한 오르간 형태의 기구로 우주의 오케스트라를 연주한다. 음악이 수학과 결합되어, 음악의 선율 구조가 우주의 수학적 구조와 동조한다는 설정에 따른 것이다.

드문 일이지만 음악가들이 SF에 관심을 기울이는 경우도 있다. 하이든Joseph Haydn은 1777년에「달세계The World of the Moon」라는 희가극을 작곡한 바 있다. 원래 이 대본은 카를로 골도니Carlo Goldoni라는 사람이 썼던 것으로, 일찍이 1750년에도 발다사레 갈루피Baldassare Galuppi에 의해 희극으로 작곡된 적이 있었다. 또 오펜바흐Jacques Offenbach는 쥘 베른의 소설『지구에서 달세계로 *From the Earth to the Moon*』를 1875년에 뮤지컬로 각색하기도 했다.

20세기에 들어서는 홀스트Gustav Holst가 1918년에「행성 Planets」모음곡을 발표한 이래(당시 그의 작곡 의도는 점성술적인 바탕에 있었다) 코스모스Cosmos, 은하Galaxy, 성운Nebula, 궤도Orbit 등의 천문학 용어가 음악의 표제로 많이 등장했다. 전위음악의 선구자로 일컬어지는 존 케이지John Cage는 1961년에 천문도天文

圖에 나오는 이름들을 표제로 단 「황도Eclipticalis」를 발표했으며, 슈톡하우젠Karlheinz Stockhausen도 1968년에 「천랑성Sirius」을 선보였다. 이 밖에도 모르덴슨Jan Morthenson의 「중성자성Neutron Star」, 클로지어Christian Clozier의 「준성Quasars」 등 발달된 현대 천문학의 결과를 그대로 채택한 음악도 있다.

잘 알려진 현대 음악가들 중 SF를 직접적인 소재로 삼은 인물로는 필립 글래스Philip Glass를 꼽을 수 있다. 그는 1988년부터 도리스 레싱Doris Lessing의 소설『3, 4, 5 지역간의 결혼The Marriages Between Zones Three,Four and Five』 및 『제8행성의 대표 만들기The Making of the Representative for Planet 8』를 바탕으로 오페라 작업을 했다. 또한 그가 1988년에 발표한 「지붕 위 1천 대의 비행기1000 Airplanes on the Roof」는 시간 여행을 다룬 음악극이다. 그는 이미 1976년에 발표한 전위적인 오페라 「해변의 아인슈타인Einstein on the Beach」에서 우주선 안의 장면들을 배경으로 삼은 바 있으며, 1992년에 발표한 「크리스토퍼 콜롬버스Christopher Columbus」에서도 비슷한 설정을 채택했다.

21세기에 들어서 SF에 등장하는 음악의 비중은 점점 커지고 있는 추세이다. 발달된 기술로 새로운 음악 장르 그 자체를 창조하기도 하는데, 특히 전자 음향을 이용한 '일렉트로니카Electronica' 음악 아래에 숱한 하위 장르들이 파생되어 있다.

한편으로는 고정된 녹음 트랙이 마치 라이브 연주처럼 매번 재생될 때마다 애드리브로 변주되는 새로운 개념의 인공지능 음악 재생기기가 나올지도 모른다. 이와 비슷한 장치는 이미

그렉 이건의 소설 『퀘런틴*Quarantine*』에 묘사된 바 있다. 다른 문화 예술 분야와 마찬가지로, 음악 역시 SF에서 전망하는 미래 시나리오들의 화려한 스펙트럼 중 어딘가에 그 미래상이 깃들어 있을 것이다.

6. SF로 보는
우주 관광 가이드

한때 화제가 되었던 영화 <인터스텔라>는 여러 가지 이야 깃거리를 담고 있지만, 그중에서 시각적인 감동을 주는 몇 장 면만으로도 충분히 그 값을 하는 작품이라 할 수 있다. 예를 들 어 세계적인 천체물리학자인 킵 손의 자문으로 구현된 블랙홀 의 모습, 그리고 거대한 파도가 주기적으로 몰아치는 외계 행 성의 풍경 등은 SF의 핵심 정서인 경이감을 느끼기에 부족함이 없다.

그렇다면 미래의 어느 시점에는 우주 관광 상품이 나오게 되지 않을까? 인터넷에 돌아다니는 '죽기 전에 꼭 보아야 할 지 구의 명소 10곳'과 같은 글들처럼 미래에는 '반드시 가 보아야 할 우주의 풍경 10곳' 같은 리스트가 분명히 나올 것이다.

SF 작가들은 오래전부터 이런 우주와 외계의 풍경들을 상상해 왔다. 물론 근거 없는 공상이 아니라 천체 물리학 등의 관측 데이터 및 엄밀한 추론에 따른 과학적 상상력에 바탕에 둔 것이다.

SF 문학사에서 가장 유명한 우주의 풍경 중 하나는 바로 세계적인 SF 작가였던 아이작 아시모프의 단편「전설의 밤 Nightfall」에 나오는 세계일 것이다. 이 작품은 밤이 없는 세상에 관한 이야기이다. 하늘에 태양이 여섯 개나 있어서, 언제나 그중에 최소한 하나는 떠 있다. 그곳의 사람들은 별을 본 적이 없다.

그런데 그 세계에는 옛날부터 한 가지 불길한 전설이 전해져 내려온다. 1천 년마다 한 번씩 '밤'이라는 것이 찾아오고, 그러면 천지가 암흑에 휩싸이며 '별'이라는 것들이 나타나 세상은 종말을 맞는다는 것이다.

하늘에 태양이 여섯 개라니, 과학적으로 가능한 얘기일까? 태양 하나만으로도 그 열기와 에너지가 대단한데, 둘이나 셋도 아니고 여섯 개나 있을 수 있을까? 결론부터 말하자면 가능한 일이다. 사실은 태양이 여섯 개나 모여 있는 경우가 이미 관측되기까지 했다.

별이 하나가 아니라 둘 이상이 같이 모여 있는 것을 연성 (짝별)이라고 한다. 연성들을 잘 관측해 보면 둘이 아니라 셋이 모여 있는 경우도 많다. 그리고 우주 전체의 별들 표본을 통계

조사해 본 결과, 우리의 태양처럼 혼자 있는 별 보다는 연성인 경우가 오히려 더 많았다. 최소한 50퍼센트에서 많게는 70퍼센트까지 보는 견해도 있다.

하늘의 별자리 중에서 쌍둥이자리를 한번 살펴보자. 이 별자리는 모두 8개의 별로 이루어져 있는데, 사실은 지구에서 봤을 때 편의상 하나의 별자리로 묶어 놓았을 뿐이고 실제로 그 각각의 별들은 서로 까마득하게 멀리 떨어져 있다. 가까운 것은 지구에서 35광년 정도지만 먼 것은 600광년 정도까지 떨어져 있다.

그런데 그 8개의 별 중에서 가장 밝은 별, 즉 알파성(으뜸별)을 천체망원경으로 자세히 살펴본 결과, 별이 하나가 아니라 두 개라는 사실이 밝혀졌다. 둘이 서로 가까이 붙어 있기 때문에 사람의 눈에는 하나로 보이는 것이다. 게다가 성능 좋은 망원경으로 자세히 살펴보니 제3의 별이 또 하나 있었다. 이 세번째 별은 너무 어두워서 그동안 관측되지 않았던 것이다.

하지만 시간이 지나 관측 장비가 좋아지면서 더 놀라운 사실이 밝혀졌다. 그 세 별들이 사실은 제각기 별 두 개가 가까이 붙어 있는 연성이라는 사실이 드러난 것이다. 즉, 도합 여섯 개의 별들이 한데 모여 있는 것이다.

이 별들은 서로 상대방의 둘레를 도는 공전 운동을 하고 있으며, 다시 두 쌍의 별들은 서로의 무게중심 둘레를 도는 공전 운동을 하고 있다. 매우 복잡한 양상이다. 만약 이들 별 주변에 지구와 같은 행성이 있어서 역학적 균형을 유지한 채 공전 궤도를 타고 있다면, 그리고 그 행성에 사람이 살고 있다면, 앞에서 소개한 소설처럼 하늘에 여섯 개의 태양이 떠 있는 상황은 충분히 가능한 것이다. 다만 그 여섯 태양들은 지구의 태양보다는 훨씬 덜 뜨겁고 크기도 작을 것이다. 그렇지 않다면 지구와 같은 생명체가 존재하기는 힘들 것이다.

그렇다면 아시모프의 이야기에서처럼 1천 년에 한 번 태양이 모두 없어져 버린다는 설정은 가능할까? 잘 알려져 있다시피 지구에는 일식도 있고 월식도 있다. 지구상에서 1년 동안 발생하는 일식이나 월식 횟수는 상당히 많은 편이다. 따라서 여섯 개의 태양이 모두 사라지는 것도 이론적으로는 가능하다. 각각의 공전궤도가 절묘하게 교차되어 서로를 가려주고, 그리고 달이 있어서 마지막 태양마저 가린다면 이른바 '6중 일식'도 일어날 수 있다. 다만 통계적으로 그럴 확률은 무척이나 낮기 때문에 지구처럼 일식이 자주 일어나는 게 아니라 1천 년에 한 번 정도로 설정한 것이다.

하지만 과학적 상상력이 늘 옳기만 했던 것은 아니다. 20세기 초 서구 사람들은 '화성의 운하'에 탐닉했었다. 20세기 들어 외계 환경과 관련된 최대의 해프닝이라 할 만한 이 일은 19세기 말 이탈리아의 천문학자 조반니 스키아파렐리Giovanni Schiaparelli가 화성 표면에서 운하 같은 모양을 보았다고 발표한 것에서 시작되었다. 그 소식을 접한 미국의 천문학자 퍼시벌 로웰은 곧 이 신비로운 대상에 빠져버리고 말았는데, 사실 스키아파렐리는 화성 표면에서 줄무늬 같은 것을 발견하고는 '골짜기, 도랑'을 뜻하는 'canali'라는 단어로 표현한 것이지만 이 말이 영어로 번역되면서 'canal', 즉 '운하'로 바뀌어 버린 것이다.

로웰은 애리조나주의 해발 2천 미터가 넘는 플래그스태프라는 고지에 천문대를 세우고 열심히 화성 관측에 몰두했다. 시간이 흐르자 그는 점점 더 상세한 '운하'의 윤곽들을 발견해 냈고, 각각의 운하들에 고유 명칭까지 부여했다. 그는 화성의 운하들이 양극의 얼음에서 나오는 물을 적도 근처까지 운반하는 것으로 믿었으며, 또한 화성인들은 인류보다 역사가 긴 진보된 종족이라고 생각했다. 한편 계절에 따라 화성 표면의 색깔이 변하는 부분은 식물들이 성장하고 시들기 때문이라고 믿었다. 화성인에 대한 그의 믿음은 죽을 때까지 변함이 없었다.

그러나 로웰과 같은 시대를 산 다른 수많은 천문학자들도 화성을 관측했지만, 그들 중에는 운하 같은 것은 전혀 보이지 않는다고 한 사람들도 많았다. 당시는 수에즈 운하나 파나마 운하가 건설되는 등 세계적으로 운하가 화제의 중심이었는데, 여기다 화성인의 존재 논란까지 더해서 결국 로웰의 '운하'라는 착각과 환상을 만들어 낸 것이 아닌가 여겨지고 있다. 오늘날에는 화성 표면의 모습이 매우 상세하게 파악되어 있는데, '화성의 흉터'라고 부르는 길이 4천 킬로미터의 거대한 협곡이 있기는 하지만 운하라고 부를 만한 지형은 찾아볼 수 없다.

사실 태양계에는 황량한 화성보다 훨씬 더 역동적이고 이질적인 풍경을 지닌 천체들이 여럿 있다. 예를 들어 토성의 달인 타이탄은 태양계의 위성들 중에서 유일하게 대기를 지니고 있다. 타이탄의 대기는 대부분이 질소이며 약간의 메탄이 섞여 있는데, 기온이 영하 170도에 이를 정도로 매우 낮아서 지구에서는 기체 상태로 존재하는 메탄이 액체 상태인 비가 되어 내린다고 한다. 메탄이 비로 내리고 강이나 바다를 이룬다니, 우리 지구인들로서는 쉽게 상상하기 힘든 낯선 풍경이 아닐 수 없다.

이 모든 외계 풍경의 신비는 아직까지 상상에만 머물러야 한다는 아쉬움이 있다. 비록 민간 우주여행 개발 계획이 여러 나라에서 진행 중이지만, 우주 관광 상품이 일반화되는 것은 빨라도 21세기 중반에나 가능할 것이다. 하지만 인간이 우주에 나감으로써 얻을 수 있는 시야의 확장, 즉 생각의 틀을 시공간적으로 넓히는 일은 아무리 시간과 노력이 많이 들더라도 반드시 경험해 봐야 할 것이다.

이미지 출처

240 ⓒAlexander Schlesier/Wikimedia Commons

274 ⓒITU Pictures

찾아보기